U0237955

水利水电项目 BIM 平台构建 与应用管理

安晓伟　著

中国水利水电出版社
www.waterpub.com.cn

·北京·

内 容 提 要

本书从管理的视角提出了水利水电项目 BIM 平台的构建模式和管理机制，主要包括水利水电项目 BIM 平台构建模式及其设计方法、水利水电项目 BIM 平台协同应用演化博弈分析、水利水电项目 BIM 平台共建激励机制构建方法，以及水利水电项目 BIM 平台应用收益共享机制设计方法。本书主要目的旨在完善水利水电项目 BIM 平台协同应用的管理理论和方法。

本书可提供水利水电项目 BIM 平台构建与应用管理相关理论知识，可供水利工程以及土木工程相关专业科研人员、高校师生及工程建设管理人员使用和参考。

图书在版编目（CIP）数据

水利水电项目BIM平台构建与应用管理 / 安晓伟著.
北京 : 中国水利水电出版社，2024. 10. -- ISBN 978-7-5226-2862-2
Ⅰ. TV-39
中国国家版本馆CIP数据核字第2024U3H318号

书 名	**水利水电项目 BIM 平台构建与应用管理** SHUILI SHUIDIAN XIANGMU BIM PINGTAI GOUJIAN YU YINGYONG GUANLI
作 者	安晓伟 著
出版发行	中国水利水电出版社 （北京市海淀区玉渊潭南路 1 号 D 座　100038） 网址：www. waterpub. com. cn E - mail：sales@mwr. gov. cn 电话：(010) 68545888（营销中心）
经 售	北京科水图书销售有限公司 电话：(010) 68545874、63202643 全国各地新华书店和相关出版物销售网点
排 版	中国水利水电出版社微机排版中心
印 刷	天津嘉恒印务有限公司
规 格	184mm×260mm　16 开本　9 印张　219 千字
版 次	2024 年 10 月第 1 版　2024 年 10 月第 1 次印刷
印 数	001—800 册
定 价	**78.00 元**

前言

　　水利是现代农业建设不可或缺的首要条件，是经济社会发展不可替代的基础支撑，是生态环境改善不可分割的保障系统。随着水利事业的不断发展，我国水利水电建设技术水平和管理能力也在不断提高，完成了三峡工程、南水北调工程等一系列大型水利水电工程的建设，许多水利工程建设技术已居世界前列。但是还应看到，当前我国水利水电工程建设中还存在信息化程度不高、在工程全生命周期各阶段信息流失严重、不能有效共享和利用等问题，水利水电工程建设质量和效率有待进一步提升。

　　建筑信息模型（Building Information Modeling，BIM）是利用数字化模型及模型内的信息在建设项目规划、设计、施工、运营管理等各个阶段对建筑物进行分析、模拟、优化、可视化、施工图绘制、工程量统计、运行管理的过程，具有可视化、协调性、模拟性、优化性和可出图性等特点。经过40多年的发展和应用，BIM已被国内外普遍认为是一项能够促进工程建设变革的新技术。现阶段，BIM技术虽然在水利工程规划、设计、施工等各参与方中有所应用，但应用层次较低，尚处于"碎片化"阶段，BIM应用价值没有得以充分发挥。BIM应用最大价值的实现需要业主方协同参建各方实现BIM的多方及全过程协同应用，即需要业主方以项目为对象构建项目级BIM协同应用平台，使水利水电工程全生命期内各参与方之间信息的共享及协同成为可能，并通过对BIM平台中信息的高效利用以优化工程，进而提升工程项目建设的质量和效率。然而，BIM平台的建设和有效应用需要相应管理体系和机制的支撑。当下关于水利水电项目BIM平台建设和应用管理理论与方法的研究较为缺乏。

　　综合上述背景，为完善水利水电项目BIM技术综合应用的管理理论和方法，以促进BIM技术在水利水电工程建设和管理中的高效应用，从而提升水利水电工程建设质量和效率。本书基于"共建、共享、共赢"的理念，从水利水电工程发包人/业主方视角出发，以信息的共享及其高效利用为主线，运用委托代理、不完全契约、激励、博弈、收益共享、决策等相关理论和方法，研究水利水电项目BIM技术综合应用的管理体系和机制。主要涉及水利水电项目BIM平台构建模式设计、水利水电项目BIM平台协同应用演化博弈分析、水利水电项目 BIM 平台共建激励机制构建以及水利水电项目 BIM 平台应用收益共享机制构建等。具体内容有：

（1）根据工程实际调研，结合文献研究，提出了 4 种可行的 BIM 平台构建模式，包括：业主方自建模式、设计方主导模式、委托第三方模式和咨询辅助模式。同时从项目特性、业主方能力以及平台构建的成本和效用等方面构建了水利水电项目 BIM 平台构建模式设计影响因素集，进而基于改进的区间直觉模糊群决策方法建立了水利水电项目 BIM 平台构建模式决策模型，从而提出了水利水电项目 BIM 平台构建模式设计的方法。

（2）基于演化博弈理论和前景理论，通过 BIM 平台协同应用演化博弈模型构建与求解，分析系统演化稳定均衡解。在此基础上基于模拟仿真，分析水利水电项目 BIM 平台协同应用过程中参与主体行为演化规律以及影响系统演化的关键要素，从而为后续 BIM 平台协同应用管理机制的设计提供支撑。

（3）基于不完全契约及委托代理激励理论，从共建 BIM 平台的角度出发，以信息优势最为明显的施工承包人为例，考虑承包人信息获取及共享的直接成本和机会成本，分离散简化和连续两种情形，构建了水利水电项目 BIM 平台共建激励机制，以促进项目参建各方积极主动提供信息来共建水利水电项目 BIM 平台。

（4）基于收益共享理论，从共赢的角度出发，以项目设计方为例，考虑其成本、努力程度、努力效用程度及公平偏好等因素，考虑收益共享问题的复杂性，进一步将谈判机制引入收益共享问题中，建立了相应的水利水电项目 BIM 平台应用收益共享谈判模型，从而系统地提出了水利水电项目 BIM 平台应用收益共享的方法，以解决水利水电项目 BIM 平台应用收益共享的问题。

本书基于发包人角度，从管理的视角研究了水利水电项目 BIM 平台的构建模式和管理机制，有助于完善水利水电项目 BIM 平台应用的管理理论和方法，促进 BIM 技术在水利水电工程建设和管理中的综合应用。本书由华北水利水电大学安晓伟编写并统稿。本成果受到河南省自然科学基金资助项目（242300421459）支持。限于作者个人能力，书中难免存在不足之处，有待进一步完善，望各位专家和学者批评指正。

编 者

2024 年 6 月

目　　录

第1章 绪 论

1.1 研 究 背 景

（1）水利水电工程建设质量和效率有待进一步提升。水是生命之源、生产之要、生态之基。大型水利水电工程建设是国土开发整治的重要组成部分，是国家生产力合理布局和经济发展的重要条件，也是改善人民生活环境和保障社会安全的重要举措。随着水利水电事业的不断发展，我国水利水电工程建设的技术水平和管理能力也在不断提高，完成了三峡工程、南水北调工程等一系列大型水利水电工程的建设，许多水利水电工程建设技术已居世界前列。但是还应看到，当前我国水利水电工程建设信息化程度并不高，信息孤岛问题突出，信息在工程全生命周期各阶段流失严重，不能有效地共享和利用；水利水电工程建设粗放型的增长方式没有得到根本转变，工程建设工期延误、成本超支、质量安全问题等时有发生；水利水电工程信息化程度及工程项目建设质量和效率有待进一步提升。

（2）高质量发展对水利工程建设提出了更高的要求。把高质量发展贯彻到经济社会发展的全过程，对水利水电工程项目建设而言，百年大计，质量第一。水利工程作为国民经济和社会发展的重要基础设施，质量是水利工程建设永恒的主题和核心。新时代背景下，水利水电工程建设如何践行高质量发展理念，深入推动新阶段水利高质量发展，对水利工程项目建设至关重要。水利部关于印发《深入贯彻落实〈质量强国建设纲要〉提升水利工程建设质量的实施意见》的通知明确指出："立足新发展阶段，牢固树立水利工程全生命周期建设发展理念，全面提升水利工程建设质量管理能力和水平，坚定不移推动新阶段水利高质量发展。"因此，在新阶段高质量发展背景下，对水利水电工程项目建设也提出了更高的要求。

（3）BIM可为水利水电工程建设创新发展提供支撑。水利改革发展明确指出要提高我国水利工程管理现代化水平，推进水利信息化建设，以水利信息化带动水利现代化，大力推进水利信息化资源整合与共享。建筑信息模型（Building Information Modeling，BIM）是利用数字化模型及模型内信息在建设项目规划、设计、施工、运营管理等各个阶段对建筑物进行分析、模拟、优化、可视化、施工图绘制、工程量统计、运行管理的过程。其优势主要体现在：可实现三维协同设计，减少设计错误，提高设计效率；可实现工程参建各方之间的信息传递和共享，从根本上解决工程建设过程中的"信息断层"和"信息孤岛"问题；可进行虚拟施工模拟，实现多维施工管理和可视化、智能化运营管理；具有可视化、协调性、模拟性、优化性和可出图性等特点。BIM的概念在20世纪70年代率先在美国被提出，经过50多年的发展和应用已被国内外普遍认为是一项能够促进工程建设变革的新技术。现如今 BIM 技术在国外应用相对较为成熟，近年来我国也在大力推广和应用。BIM 技术的应用是实现工程建设与运行管理现代化、信息化、数字化、智慧化的重要举措，也是建设领域创新发展的重要支撑。水利水电工程作为基础设施建设的重要组成部分，且与其他基础设施建设项目相比建设规模更大、建设条件更为复杂，建设过程中面临的不确定性更大，这为 BIM 技术在水利水电工程中的应用提供了巨大空间。BIM 技术的应用也必然会为水利水电工程建设管理发展提供重要支撑。

（4）BIM 技术的有效应用离不开相应管理体系和机制的支撑。从当前的应用情况来看，虽然 BIM 技术在建筑领域应用日趋成熟，但在水利水电工程项目建设和管理方面，BIM 技术应用的效果并不理想，且应用层次较低，尚处于"碎片化"阶段。BIM 能够清晰地表现模型和建模过程，但其应用的最终目标远不止此。通过使用应用软件建立基于三维模型的建筑多维信息模型，实现工程建设多参与方、多专业在内，包含规划、设计、施工、运行维护等各阶段的工程全生命期中对模型信息的共享，并通过高效地利用该模型和模型中存储的信息，有效地提升建设工程的质量和管理效率才是 BIM 应用的最终目标[1-2]。显然，BIM 技术的应用不仅仅是简单的理念和技术问题，更重要的是管理和实践问题。BIM 应用最大价值的实现需要业主方协同参建各方实现 BIM 的多方及全过程协同应用，这也就需要以项目为对象构建项目级 BIM 协同应用平台，使水利水电工程全寿命期内各参与方之间信息的共享及协同成为可能，并通过 BIM 平台中信息的高效利用对工程进行优化，以实现项目建设整体最优的目的。然而，BIM 平台的有效应用离不开相应管理体系和机制的支撑。水利水电项目 BIM 平台的构建，首先牵扯到 BIM 平台构建模式优化的问题，BIM 平台采用何种模式构建、维护和管理对 BIM 应用至关重要。另外，工程项目复杂性、临时性、分散性的本质要求项目团队成员之间相互合作、共享信息，以确保项目成功。但是，在委托代理机制下，传统观念认为共享关键信息与代理人自身利益最大化存在矛盾，工程建设过程中各参与方常常会刻意隐瞒真实信息，从而引起工程项目的局部最优而非整体最优[3-4]。因此，水利水电项目 BIM 平台的建设和应用均面临着诸多挑战。如何促使参建各方客观、及时地提供项目信息来共建 BIM 平台，从而实现项目参建各方之间信息的共享，并基于 BIM 平台通过对信息的高效利用以优化工程，实现项目建设全过程的整体优化，对 BIM 技术在水利水电工程中的应用以及水利水电工程建设管理创新发展至关重要。

综上所述，针对如何实现 BIM 技术在水利水电工程建设和管理中高效应用的问题，本研究利用委托代理、不完全契约、激励、博弈、收益共享、决策等相关理论和方法，基于"共建、共享、共赢"的理念，从水利水电工程发包人（业主）视角出发，以信息的共享及其高效利用为主线，研究水利水电项目 BIM 平台的建设和管理，主要涉及水利水电项目 BIM 平台构建模式及其设计、水利水电项目 BIM 平台协同应用演化博弈分析、水利水电项目 BIM 平台共建（信息共享）激励机制构建，以及水利水电项目 BIM 平台应用收益共享机制的构建等问题。以完善水利水电项目 BIM 技术综合应用的管理体系和机制，以期为水利水电项目发包人高效应用 BIM 技术提供指导，以促进 BIM 技术在水利水电工程建设和管理中的应用，从而提升水利水电工程建设和管理的质量和效率，实现水利工程高质量发展。

1.2　研究目的和意义

1.2.1　研究目的

在现代化的今天，随着互联网、大数据、物联网、人工智能、云计算等信息技术的快速发展，人类已经步入一个全新的信息化、数字化时代，信息技术日新月异，已经广泛渗透到人们生产生活的各个方面，并在各个领域发挥着越来越重要的作用。作为建设工程迈向信息化、数字化的重要技术支撑，BIM 可用于构建水利水电工程建设协同优化和信息共享的协同应用平台，能够有效解决工程项目建设过程中参与各方之间信息沟通和共享的问题，使得水利水电工程项目全生命期内各参与方之间以及工程建设不同阶段信息传递、共享及信息高效利用成为可能，为水利工程高效建设和管理提供有效支撑。然而，新技术的有效应用离不开相应管理机制的支撑，BIM 平台的有效利用离不开相应管理体系和机制的保障。水利水电项目 BIM 平台管理体系和机制建立过程中，BIM 平台如何构建、BIM 平台的协同应用对参与主体会产生怎样的影响、BIM 平台如何建设、BIM 平台建设完成之后如何实施有效的管理、如何有效应用等问题均需要有效解决。这些问题对 BIM 平台的构建和应用至关重要，均关系到水利水电项目 BIM 平台构建和应用的成效。

因此，本书拟针对如何实现 BIM 技术在水利水电工程建设和管理中高效应用的问题，利用信息经济学、不完全契约、委托代理、激励、博弈、收益共享、决策等相关理论和方法，基于"共建、共享、共赢"的理念，从水利水电工程发包人视角，以信息共享及高效应用为主线，研究水利水电项目 BIM 平台的建设和管理问题，主要涉及水利水电项目 BIM 平台构建模式设计（BIM 平台如何构建，即由谁负责构建和管理）、水利水电项目 BIM 平台协同应用主体行为演化博弈分析（BIM 平台构建对参与主体行为有何影响）、水利水电项目 BIM 平台共建激励机制构建（平台的建设问题，即信息如何获取）以及水利水电项目 BIM 平台应用收益共享机制构建（平台如何应用，收益如何共享），旨在完善水利水电工程 BIM 应用的管理体系和机制，以促进 BIM 技术在水利水电工程中的高效应用，为水利水电工程发包人 BIM 构建和有效应用提供指导。基于 BIM 技术的深度有效应用，实现水利水电工程建设信息的共享和高效利用，从而提升水利水电工程建设的质量和效率。

1.2.2　研究意义

通过近几十年的发展和应用，BIM 已被国内外普遍认为是一项能够促进工程建设变革的新技术，能够在很大程度上促进工程项目建设和管理质量与效率的提升。近年来，BIM 技术也正逐渐被应用于水利水电工程建设和管理领域，基于 BIM 技术可构建水利水电工程建设协同优化和信息共享的多方协同应用平台。然而，技术的有效应用离不开相应管理方法的支撑，完善的管理体系和机制是水利水电项目 BIM 平台有效应用基础和保障。因此，本书针对水利水电项目 BIM 平台构建和应用管理体系和机制的研究，具有一定的理论价值和较高的应用价值，具体体现在以下几个方面：

（1）研究的理论价值。

1）BIM 技术的发展和应用，不仅使水利水电工程数字建造、智慧建造和精细化建造成为可能，而且可促进工程各参与方之间的信息共享与协同以及信息的高效利用。然而，BIM 这一新技术的有效应用，客观上必然要求完善现有管理理论及方法，完善的管理体系和机制是 BIM 技术有效应用的基础和保障。目前，水利水电项目 BIM 技术协同应用管理理论与方法的相关研究尚不完善，本书的研究旨在完善水利水电项目 BIM 平台协同应用的管理理论和方法，具有一定的理论价值。

2）水利水电工程具有显著的独特性和唯一性，世界上很难找到两个完全相同的水利水电工程。不同的水利水电工程建设项目有其自身的特点，也有其最适合的 BIM 平台构建模式。对具体的水利水电工程建设项目采用何种 BIM 平台构建模式，有必要根据项目特点进行针对性的优化设计。显然，如何针对具体水利水电工程项目特点，设计其最为适用的 BIM 平台构建模式，关系着 BIM 协同应用的效果，水利水电项目 BIM 平台构建模式及其决策方法的研究具有创新性和一定的学术价值。

3）基于 BIM 平台协同应用能够实现水利水电项目价值的提升，实现多方参与的项目价值共创。然而，水利水电项目 BIM 平台协同应用的关键在于各利益相关方之间的合作和互动。同样，水利水电项目 BIM 平台的应用对参建主体策略选择也会产生影响。针对水利水电项目 BIM 平台应用将对参建主体策略选择如何产生影响的问题，本书拟基于演化博弈理论和前景理论，通过演化模型构建和模拟仿真，系统分析水利水电项目 BIM 平台协同应用过程中参与主体行为演化规律以及影响系统演化的关键要素，具有一定理论意义。

4）水利水电工程项目复杂性、临时性、分散性的本质要求项目团队成员之间协调协作、共享信息，以确保项目的成功。水利水电项目 BIM 平台的有效应用，需要参建主体及时向平台提供项目实时信息。然而，委托代理机制下，传统观念认为共享关键信息与企业自身利益最大化存在矛盾，水利水电工程项目建设过程中，各参与方出于利己的考虑常常会刻意隐瞒项目真实信息。因此，如何完善相应管理理论和方法，促使水利水电工程项目参建各方积极共享项目信息以共建 BIM 平台，并通过对 BIM 平台中信息的高效利用实现优化工程的目的，提高工程的可建造性，降低工程造价，提升水利水电工程建设质量，进而提高水利工程建设管理的效率，也具有较大的理论意义。

（2）研究的应用价值。

BIM 无疑是继 CAD 技术之后工程建设领域又一极其重要的变革性应用技术，对于提高整个行业的工作效率、工程建设质量，以及降低工程成本、缩短工程建设周期发挥着重要作用。水利水电工程投资规模大、建设周期长、建设条件复杂、不确定性大的特点为 BIM 技术的应用提供了良好的应用环境。然而 BIM 技术的有效应用不仅仅是简简单单的技术问题，更重要的是管理和实践问题，如何建立有效的管理理论和方法，基于 BIM 实现水利水电工程信息的共享和高效利用，有效地提高水利水电工程建设质量和效率，对水利水电工程建设管理及建成后的运营维护意义重大。

本书针对水利水电工程发包人如何协同项目参建各方实现 BIM 技术多方协同应用的研究，通过完善水利水电项目 BIM 平台协同应用的管理理论与方法，一方面可以充分实现 BIM 在水利水电工程建设和管理中的应用价值；另一方面本书针对 BIM 应用管理体系和机制的研究可以直接为水利水电工程发包人应用 BIM 技术提供支撑。因此，开展相关研究对促进 BIM 技术在水利水电工程中的应用，对提升水利水电工程建设效率和质量均具有重要意义。本书的研究成果可以直接为水利水电工程发包人综合应用 BIM 提供支撑，同样也可以为其他类似工程项目建设 BIM 协同应用提供参考。

1.3　国内外研究现状

本书拟针对水利水电项目 BIM 平台建设和管理问题，围绕 BIM 平台构建模式设计、BIM 平台共建及 BIM 平台应用机制展开研究。其中 BIM 平台共建主要涉及信息共享激励的问题（图 1-1）；BIM 平台应用机制主要涉及基于共享信息的工程项目优化及优化收益

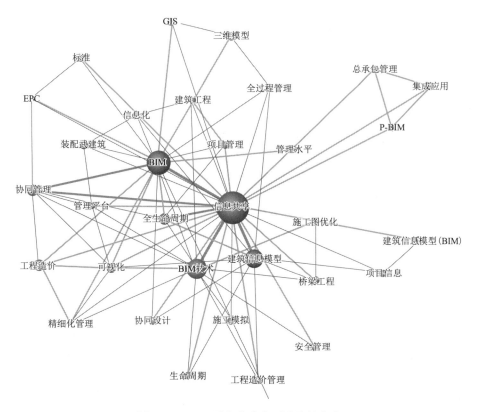

图 1-1　BIM 平台共建主要涉及的内容

共享（分配）问题（图 1-2）。因此，本书将围绕 BIM 发展和应用、BIM 平台构建、信息共享激励、工程项目优化及优化收益共享（分配）等方面，对现有相关研究及发展动态进行分析。

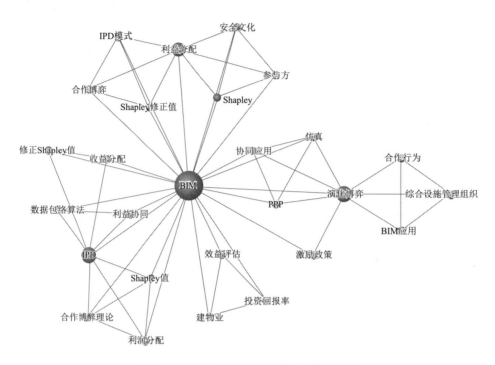

图 1-2 BIM 平台应用机制主要涉及内容

1.3.1 BIM 相关研究

1.3.1.1 BIM 的产生与发展

BIM 起源于 20 世纪 70 年代，最早的记载可追溯至 1974 年美国乔治亚理工学院的 Chuck Eastman 教授等在其研究报告 *An Outline of the Building Description System*（《建筑描述系统概述》）中提出的 "Building Description System"（建筑描述系统）的理念[5]。此理念将其描述为：一个基于计算机的建筑物描述（a computer-based description of a building），以便于实现建筑工程的可视化和量化分析，提高工程建设效率。Chuck Eastman 教授因此被业界称为 "BIM 之父"。20 世纪 80 年代，美国和欧洲也分别提出了 "Building Product Mode" 和 "Product Information Model" 的概念。1986 年 GMW 计算机公司的 Robert Aish 又提出 "Building Modeling" 的概念。2002 年美国 Autodesk 公司副总裁 Philip G. Bernstein 首次提出 "Building Information Modeling" 的概念，随后 BIM 受到广泛重视[6]。近年来 BIM 也逐渐成为人们研究的热点，根据中国知网和 Web of Science 数据统计，近年来 BIM 相关研究成果数量如图 1-3、图 1-4 所示。

关于 BIM，不同的组织和机构有着不同的定义。《BIM 手册》将 BIM 定义为 "旨在

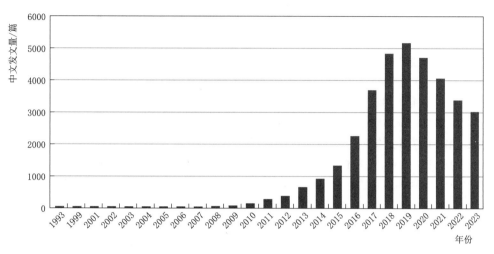

图 1-3 近年来 BIM 相关研究成果数量（中文）

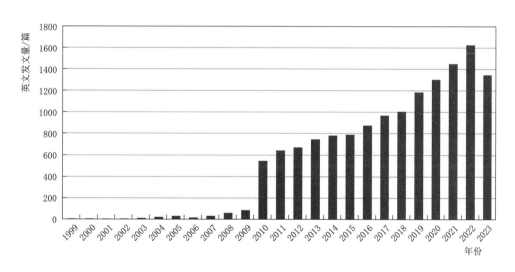

图 1-4 近年来 BIM 相关研究成果数量（英文）

管理建设工程信息的计算机辅助模型技术"。美国国家 BIM 标准将 BIM 定义为"BIM 是利用开放的行业标准，对设施的物理和功能特性及其相关的项目生命周期信息进行数字化形式的表现，从而为项目决策提供支持，有利于更好地实现项目的价值"。我国建筑工业行业标准《建筑对象数字化定义》（JG/T 198—2007）[7]将 BIM 定义为"建筑信息完整协调的数据组织，便于计算机应用程序进行访问、修改或添加。这些信息包括按照开放工业标准表达的建筑设施的物理和功能特点及其相关的项目和生命周期信息"。我国国家标准《建筑工程信息模型应用统一标准》（GB/T 51212—2016）[8]将 BIM 定义为"全寿命周期工程项目或组成部分物理特征、功能特性及管理要素的共享数字化表达"。

总的来看，BIM 包含三个层次的概念：Building Information Model，即三维模型，指设施的物理和功能的数字化表达；随着 BIM 应用的深入，BIM 发展为 Building Information Modeling，即模型构建，是一个在建筑物生命周期内设计、建造和运营中产生和利用建筑数据的业务过程；继而 BIM 又发展为 Building Information Management，即协同管理平台（包括进度管理、动态仿真、工程计量计价、资源管理、质量和安全管理等），是对整个资产寿命周期中，利用数字原型中的信息实现信息共享的业务流程的组织与控制[9]。可以看出，无论是何种表述，信息都是 BIM 技术的核心。

1.3.1.2　BIM 应用及其价值研究

　　进入 21 世纪以来，BIM 的研究及应用有了突破性发展，BIM 逐渐被应用到建设项目的各个领域。关于 BIM 应用的研究，Song 等（2012）[10]开发了一个基于 BIM 结构框架的施工计划和进度优化与仿真系统，并根据优化后的施工进度将施工过程进行可视化展示；Latiffi 等（2013）[11]分析了 BIM 在马来西亚建筑行业的应用情况。Irizarry 等（2013）[12]将 BIM 和 GIS 融合于同一系统之中，使其能够监控施工材料的供应，并能够提前发出警报以保证材料供应；Kim 等（2013）[13]利用遥感获得的三维模型数据建立了与之保持一致的 4D BIM，并以此开发了全自动的施工过程测量方法；Lu 等（2017）[14]系统阐述了 BIM 在绿色建筑设计、施工及维护过程中的应用，并分析了 BIM 在绿色建筑分析及评估中的具体应用。Malekitabar 等（2016）[15]系统分析了 BIM 在工程建设安全管理中的作用。Pärn 等（2017）[16]总结分析了 BIM 在设施管理中的应用。Zou 等（2017）[17]研究了 BIM 在风险管理中的应用，通过研究发现 BIM 不仅可以作为一种系统的风险管理工具用于支持项目建设，而且还可以作为核心数据生成器和平台，以允许其他基于 BIM 的工具进行进一步的风险分析。Smith（2016）[18]研究了基于 BIM 的项目成本管理。Chen 和 Luo（2016）[19]研究了 BIM 在建设工程质量管理中的应用，并提出了在 BIM 环境下协助改进当前质量管理过程的综合解决方案。Belcher 和 Abraham（2023）[20]探讨了 BIM 和新兴技术在交通项目生命周期中的应用，并讨论了使用技术来应对当前的基础设施挑战。张柯杰等（2017）[21]基于 BIM 技术与 AR 技术构建了施工质量活性系统管理模型，以提升施工现场质量管理水平。Liu 等（2017）[22]基于扎根理论分析了 BIM 对协同设计和建造的影响。

　　Akinade 等（2017）[23]分析了 BIM 在建筑垃圾管理中的应用。张建平等（2012）[24]根据我国施工管理特点和实际需求，提出了工程施工 BIM 应用的技术架构、系统流程和应对措施，并将 BIM 与 4D 技术相结合，研发建筑施工 BIM 建模系统和基于 BIM 的 4D 施工项目管理系列软件，从而形成一套工程施工 BIM 应用整体实施方案。丁烈云（2015）[25]系统分析了 BIM 在工程施工阶段的应用。杜康（2017）[26]研究了 BIM 技术在装配式建筑虚拟施工中的应用。李寒哲等（2017）[27]以 BIM - 5D 技术为支撑平台，提出了 IPD 模式下建设项目参与各方协同工作的成本控制模型。Kim 等（2022）[28]针对 BIM 技术在水平结构上存在的困难和局限性，提出了使用 BIM 库的自动化设计技术，并通过在代表线性基础设施的铁路项目上的案例应用表明了其现场可用性。Zhao（2022）[29]通过建立基于 BIM 的商业综合体运营管理模型，提出了 BIM 技术在大型工程智能化施工数据采集中的应用。Song 等（2019）[30]提出了一个基于 BIM 技术的隧道工程协同管理平台初步建设方案，并深入分析了平台开发的可行性。Xie（2017）[31]从设计平台的搭建、初步概念设计、深化设计与施工图等，探讨了 BIM 技术在绿色工程建造设计中的应用。Yang 和 Wei（2017）[32]结合 BIM 技术在参数化信息的利用，探讨了 BIM 技术在装配式混凝土结构设计中的研究与应用。Jing（2017）[33]以某在建水电站为例，进行了基于 BIM 技术的仿真建模分析，研究了 BIM 技术在混凝土坝建设仿真建模中的应用。Zhang 等（2023）[34]结合实际案例分析了 BIM 技术在机场航站楼建设中的应用，讨论了其在钢结构建筑、机电工程与协同管理方面的应用优势。总的来看，BIM 技术现如今正在被用于建设工程的各个方面，其应用越来越广。

关于 BIM 技术的应用价值，Gao 和 Fischer（2008）[35]的研究认为，BIM 技术的普遍应用，主要价值在于两方面：一是给建筑业带来生产方式的根本改变，即由传统（二维）图形组织生产的方式向主要利用（三维）模型来组织生产的转变；二是可用于构建工程参与各方共享的信息平台或协同管理平台。Azhar（2011）[36]通过实际案例分析认为 BIM 的应用可以提高项目盈利能力，降低项目成本，能够实现更好的时间管理，且可以改善业主与承包人的关系。何关培（2013）[37]在 10 多年 BIM 应用和研究后认为，BIM 的价值要通过 BIM 模型在建设项目策划与规划、勘察与设计、施工与监理、运营与维护等各个阶段相应工程和非工程任务中的应用来实现，其价值表现为对前述各类任务的效率或质量的提升和改善，从而最终达到提升和改善整个工程项目以及行业的工作效率或质量的目的。Bryde 等（2013）[38]基于 35 个应用 BIM 的建设项目的效果分析，发现 BIM 的应用可以有效降低工程的费用，明显缩短建设工期，有效促进参建各方的沟通和系统，与此同时能够提升工程建设质量。马智亮（2015）[39]将 BIM 应用价值归纳为整体和局部两类：整体应用价值是指建筑工程各阶段、各专业充分利用 BIM 技术所带来的价值；局部应用价值是指将 BIM 技术应用于建筑工程局部。许炳和朱海龙（2015）[40]的研究认为应用 BIM 的价值在于：促进项目协同和深化设计、施工方案事前模拟、施工进度和成本的动态控制，以及施工项目协同管理。王淑嫱等（2017）[41]在分析我国装配式建筑 BIM 应用现状的基础上，总结了 EPC 总承包模式下，BIM 技术在装配式建筑施工的三个阶段的应用价值。Beazley 等（2017）[42]认为 BIM 技术的应用为建筑设计分析提供了便利，通过设计方案进行能源效率分析，经过设计方案优化，可以提升住宅建筑的能源效率。据 Autodesk 公司统计，三维可视化可提高企业竞争力 66%，减少 50%～70%的信息请求，缩短 5%～10%的施工周期，减少 20%～25%的各专业协调时间[43]。黄凯等（2021）[44]通过既有公共绿色建筑对 BIM 技术的实际运行过程的案例分析，表明 BIM 技术的应用可以为建筑项目规划与建设、应用全周期提供信息支持，能够实现设计层面的技术转变，为未来社会落实规划需求夯实基础条件。Fernandez（2023）[45]认为建筑信息模型（BIM）的出现能够有效地解决由于前期施工信息反馈不准确，造成施工过程管理不善而引发大量工程变更，导致无法实现施工项目的质量、进度和成本目标的问题。Yuan 等（2020）[46]认为 BIM 的应用价值在于促进信息共享、增加合作伙伴之间的协作、模拟施工规划、减少返工以及提供有价值的信息来支持从生命周期的角度进行决策，从而为项目利益相关者提供了许多好处，同时为提高项目的准确性、有效性、效率和可操作性奠定可靠的基础。总的来看，BIM 技术的应用可有效提升工程建设的质量，缩短工程建设周期，降低工程建设成本。

1.3.1.3 BIM 应用障碍研究

BIM 虽然正在被积极推广应用，但是作为一项新的技术，BIM 软件相对较为复杂，在应用过程中还存在一些问题。对此，潘佳怡和赵源煜（2015）[47]通过对国内外 BIM 相关文献研究和专家访谈，指出没有充分的外部动机、国内缺乏 BIM 标准合同示范文本、不适应思维模式的变化等 15 个因素是阻碍中国建筑业 BIM 发展的关键原因。刘波和刘薇（2015）[48]认为工程技术人员的心理和思维方式、BIM 综合应用模式缺乏、BIM 软件的本土化程度不够等因素阻碍了 BIM 在我国的应用和发展。丰景春和赵颖萍（2017）[49]认为目前在共享数据/信息技术上需要统一标准，有待完善。Han 和 Damian（2008）[50]指出用好 BIM 需要相应管理环境支持，有必要重新规定工程项目参与方之间的工作关系和责任。何清华等（2012）[51]认为与国外相比，我国现有的建筑行业体制不统一，缺乏较完善的 BIM 应用标准；项目运作缺少统筹管理，BIM 应用遭遇"协同"困境；BIM 理念贯穿项目全寿命期，但各阶段缺乏有效的管理集成；大规模运用到建筑业，亟须推行 BIM 综合应用模式。Meng 等（2020）[52]认为在管理方面，由于不同项目团队成员之间的责任水平、参与者的权利和责任、模型背后数据的准确性、行为管理、激励机制、成就交付和质量控制等的不同，为 BIM 模型制定全面的采用策略是一项具有挑战性的任务。Almuntaser（2018）[53]指出，目前 BIM 技术的使用还停留在模型层面，BIM 中的数据挖掘是不够的。因此，有必要解决建筑信息不完整、过时或碎片化的问题，实现对现有 BIM 平台数据的充分挖掘。张城俊（2018）[54]认为，工程发包方应用 BIM，应以平台管理为手段，对项目精细化管理；以价值管理为诉求，明确各方要求，充分发挥业主方的主体优势；以全过程管理为核心，实行事前准备、事中控制、事后监督的精确管理。总的来看，虽然 BIM 技术应用日趋成熟，但是仍有较多的问题需要解决，特别是与 BIM 技术应用相关的管理理论和方法需要不断完善，只有这样 BIM 技术的价值才能够得以充分发挥。

1.3.1.4 BIM 在水利水电工程中的应用

随着技术的不断发展，BIM 也逐渐被应用到水利水电工程建设管理中。关于 BIM 在水利水电工程中的应用研究，赵光士（2013）[55]分析了三维图形建模技术在水利水电工程地质分析和设计中的应用。苗倩（2012）[56]提出了基于 BIM 的水利水电工程可视化仿真方法，构造了工程建筑物的三维数字模型，并根据 Navisworks 软件的数据组织形式，充分利用其可视化、四维模拟功能及应用程序接口 API，实现了工程施工过程的动态演示及仿真信息的可视化查询。秦丽芳（2013）[57]从施工安全监控和施工安全评估两方面探讨了 BIM 技术在水利水电工程施工安全管理中的应用。杜成波（2014）[58]针对信息模型的建立、共享管理和使用等三个核心环节的实施过程进行研究，从技术层面构建起了以水利水电工程信息模型为核心的信息集成与存储、信息模型协同设计、信息模型共享管理和交互转换，以及信息模型使用与反馈的理论方法体系。孙少楠和张慧君（2016）[59]针对水利工程具有地形条件复杂、设计选型独特、涉及专业广等特点，以及存在图纸信息繁冗、工程枢纽布置复杂、土方量计算不精确的问题，提出构建水利工程信息模型的方法。赵继伟等（2016）[2]在深入分析 BIM 建模软件和水利水电工程特殊性的基础上，提出了水利工程信息模型的构建方法。康细洋和唐娟（2016）[60]研究认为基于 BIM 可实现水利水电工程投资计划、实施、检查、偏差纠正与预警等功能一体化，从而能够有效实现水利水电工程项目全过程投资管理目标。Yang 等（2023）[61]通过将新型绿色施工技术与 BIM 相结合，构建了水利工程绿色施工管理框架体系，设计了实时绿色施工仿真系统在 BIM 中应用的具体实施流程。陈垒和刘德斌（2023）[62]在明确 BIM 技术可视化仿真功能及应用优势的基础上，研究了 BIM 技术在水利水电工程可视化仿真中，包括可视化信息查询、施工结构仿真、施工动态监控、导流三维设计等关键内容的应用。童亮瑜（2022）[63]基于水利水电安全 BIM 管理系统，分析了基于 BIM 技术的安全评价指标构建和施工安全评价。刘玉玺和刘战生（2021）[64]通过对海外项目采用 BIM 技术的案例分析，探索了海外项目采用 BIM 技术的协同设计模式。李汶谕（2024）[65]为实现水利工程的全面、有效管理，精准掌握其边坡地质情况，提出了基于 BIM 技术的水利工程边坡三维地质建模方法。

魏昆仑（2023）[66]在水利工程中的长岸线防洪堤设计中引入 BIM 技术对其设计过程进行优化，运用 Civil 3D 在防洪堤设计过程的三维可视化及出图与工程量计算等功能，实现了防洪堤的平纵横出图以及工程量计算，提高了设计人员的工作效率，节约了时间成本。孙少楠和沈春（2017）[67]借助成熟度模型的理论和方法，考虑信息因素、组织因素、交互方式因素，建立了水电工程 BIM 能力成熟度模型评价指标，并结合灰色系统理论评价 BIM 信息交互在工程中的应用水平，为 BIM 技术的完善提供理论依据。李宗宗和刘李（2017）[68]结合水利水电工程施工特点，对 BIM 在该领域进行应用的切入点和优势进行了分析，并从临建设施建设、方案规划、质量管理、进度管理、造价管理、安全管理、数字化集成交付等方面运用 BIM 进行了探讨，剖析了 BIM 在水利水电工程施工中推广应用的难点所在，并对 BIM 在该领域的发展前景进行了展望。马飞（2017）[69]针对传统水利工程安全监测管理工作中存在的问题，分析建筑领域应用最广泛的 BIM 技术和 SQL 数据库技术在安全监测管理中应用的可行性。通过将 BIM 技术与 SQL 数据库进行融合，建立了一套基于南水北调工程输水箱涵安全监测管理系统。吕明昊（2017）[70]针对某流域水利工程在规划阶段实现三维可视化和虚拟仿真的需求，基于 BIM 技术进行参数化建模与可视化仿真模拟，重点研究如何快速、精确地构建工程模型，以及实现工程高度信息化的方法，并利用虚拟现实平台，通过人机交互的方式对工程实现可视化仿真模拟。

从当前研究来看，BIM 技术在水利水电工程建设和管理的各个阶段及各参与主体中已有应用。

1.3.2 BIM 平台建设和管理研究

随着 BIM 技术的不断发展和应用，人们逐渐意识到基于 BIM 可以构建工程项目建设的协同管理及信息共享平台。关于 BIM 协同管理及信息平台的研究也逐渐出现。其中，Singh 等（2011）[71]提出了一个基于 BIM 的多学科协作平台的理论框架，该框架对 BIM-server 作为协作平台的特性和技术要求进行分类和说明。李犁（2012）[72]针对 BIM

技术应用过程中信息传递错误和存储等问题，从功能和技术实现层面研究了基于 BIM 技术的建筑协同平台的构建。李犁和邓雪原（2012）[73]研究指出基于 BIM 的建筑信息平台的构建需包括信息层、图形平台层以及专业使用层三层结构。Das 等（2015）[74]基于云技术及开放的 BIM 标准提出了一个基于对象的能够实现工程项目全生命周期信息交换的 BIM 信息平台构建框架。李明瑞等（2015）[75]基于 BIM 技术，构建了以数据层、信息模型层和功能应用层为核心的信息集成管理的概念模型，并从平台管理和信息集成管理两大模块对建筑工程 BIM 信息集成管理平台的功能进行了设计。王敏（2017）[1]从需求分析、功能实现、平台整体架构分析及 BIM 数据库设计等方面出发，研究了公共项目利益相关者 BIM 沟通平台构建的问题。Zhang 等（2017）[76]从模型创建、模型管理、协同管理、工作流程管理和系统管理五个方面，基于网络技术构建了基于 BIM 的水电工程 EPC 项目协同管理平台。赵继伟（2016）[2]从平台需求和功能设计入手研究了水利工程信息集成平台构建的整体架构及平台开发实现等内容。康丽华等（2017）[77]将云技术和 BIM 结合，提出了基于"Cloud & BIM"的智慧建筑项目管理信息平台设计方案。魏晨康等（2017）[78]从平台前期的建设，平台研发的模式及研发过程三个方面，介绍了武汉绿地中心项目施工总承包项目 BIM 协同信息管理平台的开发和应用。杨玲等（2024）[79]将 BIM 数字信息建模、BIM 数据文件优化处理、B/S 前后端分离、跨平台访问等技术应用于新建岔河水库工程，建立了岔河水库枢纽 BIM 模型，实现了平台功能的数据文件并构建了岔河水库枢纽工程数字化展示平台。黄剑文和吴福居（2024）[80]通过系统集成接口实现 BIM 模型数据库与管理系统的双向连接，经由 Web 服务器打造多端协同的数据管理中台，建立了可视化管理和模型协同机制，实现了 BIM 与项目管理的融合贯通。周昊（2023）[81]以规避机电工程施工风险为目的，通过构建数据采集层、通信传输层、分析处理层和输出表示层，设计了基于 BIM 技术的机电工程施工风险预警平台。李奕（2022）[82]利用 BIM 技术、数据库技术，构建一个具有进度计划编制、各类信息查询、采集、当前工期展示、偏差统计、项目预警以及进展调整等功能的项目流程进度管控可视化控制平台，实现了工程进度管理水平的提高。Jang 等（2021）[83]基于对 BIM 技术应用与用于基础设施生命周期管理的最新技术（无人机器人、传感器和处理技术、人工智能）的分析，提出了一个由 BIM 和最新技术组成的基础设施 BIM 平台框架，实现了对包含质量、进度和成本等在内的基础设施全生命周期管理。因此，可以看出学者们已经开始逐渐关注工程项目建设 BIM 信息/协同管理平台的构建。

1.3.3 信息共享激励相关研究

1.3.3.1 工程项目建设管理激励问题研究

工程项目建设委托代理机制下，监管和激励是项目管理重要的管理手段[84]。工程项目建设管理激励问题的研究很早就为人们所关注，Berends（2000）[85]提出了绩效激励的思想，认为通过建立一种激励机制来引导项目业主和承包商对进度费用的优化控制。王梅等（2014）[86]在分析招标设计特点和承包商需求基础上，基于博弈理论研究了水利工程设计优化激励机制的设计。马智亮和马健坤（2016）[87]通过分析我国建筑工程施工方和设计方消除设计变更的特征，建立了消除建筑工程设计变更的定量激励机制。Wu 等（2017）[88] 针对可持续建设项目业主和承包商之间的合作关系以及合作行为产生的协同效应，运用博弈论建立了可持续建设项目业主和承包商之间的合作激励模型。赵辉等（2019）[89] 运用激励池与绩效目标奖励相结合的方式，构建了 IPD 团队激励机制，以调动 IPD 团队各方积极性，激励团队的信息共享与经验交流。王丰等（2022）[90] 结合激励机制理论和环境经济学原理，将政府、再生水企业与用户有效结合，提出了一种利用经济外部性内部化的再生水激励机制，以推动再生水市场的健康发展。张宏和史一可（2020）[91] 结合 EPC 项目特点，将项目产出、总承包商的成本和收益进行量化表示，构建了基于委托代理理论的包括设计、采购和施工三阶段的 EPC 项目绩效激励机制。许佳君和李萍（2021）[92] 从河长办和公众两个维度，构建了公众参与激励机制的运行模式，指出激励机制对确保公众的持续有效参与至关重要，是保证河长制走向长效化的关键。张宏和符洪锋（2019）[93] 结合基于智能安全帽的施工人员不安全行为监测与管理系统，构建了工人安全行为绩效考核模型与激励机制设计，以实时监控现场工人不安全行为，有效降低建筑事故发生率。

1.3.3.2 信息共享与信息共享激励

建设工程信息孤岛和信息断层问题影响建筑业的生产效率，信息的共享无疑可以提升建筑业的生产效率。然而，当前研究多关注工程项目建设信息的集成和管理[94]。关于工程项目信息共享及其激励的研究，张建设等（2016）[95] 基于政府安全监管部门与建筑业企业之间的委托代理关系和各建筑业企业之间的博弈关系，对影响政府激励行为与建筑业企业信息共享行为的因素进行分析，建立建筑业企业安全生产信息共享激励机制模型。Chang 和 Howard（2016）[96] 指出 BIM 实施在财务上可行的基础上，应采取各种激励措施来推动其发展。孙钢柱等（2022）[97] 基于演化博弈理论，构建了全过程工程咨询模式下业主与咨询方的激励机制-信息共享动态演化博弈模型，探索了业主采取激励措施与咨询方积极共享信息之间的博弈行为。当前工程建设信息共享激励的研究较少，信息共享激励的研究在供应链中研究较为成熟，且对工程项目信息共享激励有较大的借鉴价值。关于供应链信息共享的激励，Wang 和 Shi（2019）[98] 提出了一种基于监督机制的知识共享激励方式，表明监督奖励的引入可以提高知识共享产生的努力水平和预期收益，有效促进了工业建筑供应链成员企业之间的知识共享。张旭梅等（2024）[99] 通过构建以平台为主导的供应链成员之间的动态博弈模型，表明平台采用两部补偿契约可以激励竞争性生产性服务商提高质量信息披露水平，实现供应链成员的帕累托改善并达到供应链最优。Wang 等（2021）[100] 研究了双渠道供应链信息共享的激励机制，提出了信息共享的奖励机制和风险评估与控制机制，以激发双渠道供应链信息共享的积极性。

无论是从工程项目建设管理激励问题研究还是信息共享激励相关问题研究来看，激励是管理的核心内容之一，激励同样是建设工程项目信息共享的基础；缺乏有效的激励措施，信息共享就难以实现。信息共享激励机制建立的基础理论支撑是委托代理理论和博弈理论。

1.3.4 工程项目优化及收益共享研究

1.3.4.1 工程项目优化相关研究

设计变更是建筑工程成本超预算的主要原因之一，项目优化是提升工程可建造性、降低项目成本的重要手段。因此，工程项目优化的研究历来为学者们所关注。近年来，关于工程项目优化的研究，Ammar（2011）[101]指出项目工期和费用的联合优化应考虑资金的时间价值。Dalton 等（2013）[102]考虑考虑安全、费用等因素探讨了工程项目结构设计优化的方法。赵丹（2016）[103]基于蚁群算法构建以施工系统可靠性为约束条件的基于质量、成本、进度及安全四大目标的建筑工程项目优化模型。刘楠楠（2013）[104]重点研究了工程项目建设期进度-费用优化中资金的时间价值、改进的遗传算法在进度-费用优化求解过程中的应用以及工程项目运营收益对项目建设期进度费用优化的影响。李宝宝（2023）[105]通过分析 BIM 技术在实际施工过程中的应用要点，研究了利用 BIM 技术优化建设工程项目的成本控制与进度管理。刘晓娟（2023）[106]为了改善传统进度控制方法存在的问题，利用关键链技术的理论优势，构建了基于关键链技术的进度控制优化模型。王琦（2022）[107]结合现阶段 EPC 工程项目管理工作中的典型问题，指出 EPC 工程项目管理需要通过完善法律法规、加强施工核心环节力度、提升设计与施工环节的沟通力度等，以达到优化 EPC 工程管理模式和应用成效的作用。彭东辉（2023）[108]针对铁路工程总承包项目施工图设计阶段，根据实际案例从设计输入、重点工程专项研究、降低施工难度、落实边界条件、加强设计与施工深度融合等方面进行风险识别与评估，提出优化设计措施。李永洲（2024）[109]以实际项目为例，在深入剖析建筑工程项目招投标阶段造价管理工作现状的基础上，提出了规范开展招标文件编制、合理开展标底评审、营造阳光招采环境、重视培养造价管理人才等工程项目招投标阶段的造价管理优化策略。总的来看，当下关于工程项目优化相关研究多为项目优化方法或技术的研究。

1.3.4.2 收益共享（分配）方法/机制研究

为改善供应链绩效，增加企业竞争能力，人们在供应链管理中引入了收益共享契约。供应链收益共享契约指在供应商和零售商组成的供应链中，为获得较低的批发价格，零售商会将一定比例的销售收益分享给供应商，与供应商共享销售收益，从而起到改进供应链运作绩效的一种合作方式。收益共享方法/机制的研究开始于企业供应链管理，关于供应链收益共享问题的研究，Xu 等（2015）[110]基于合作博弈理论及 Shapley 值，从收益风险对等、互利共赢、效益结构优化等方面建立了钢铁生产商、贸易公司及销售商间合作收益分配模型。Hosseini - Motlagh 等（2022）[111]基于进化博弈论，建立了供应链的利润分配模型，分析了成员动态策略选择对利润份额的影响。Dai 等（2022）[112]构建了具有两种通信结构的两阶段收益共享模型，探讨了通信结构限制和任务完成质量对物流联盟收益共享的影响。Qin 等（2021）[113]考虑了制造商具有公平偏好和零售商公平中立的情况下，基于 Stackelberg 模型构建了供应链成本分配模型，确定了成本分配比例范围和最优解。Jiang 等（2021）[114]在制造商具有公平偏好的情况下，分析了制造商公平偏好对产品价格、制造商利润、供应商利润和整体利润的影响。与供应链合作类似，收益共享机制也是企业动态联盟间企业合作的关键。针对企业动态联盟收益共享问题，温修春等（2014）[115]从"对称互惠共生"的视角，按照生产要素贡献分配利益的原则，采用柯布-道格拉斯生产函数从劳动、土地和资本贡献率三个方面入手建立了我国农村土地间接流转供应链联盟利益分配模型。Shang（2015）[116]基于 Rubinstein 讨价还价博弈理论探讨了合同能源管理公司与客户间合作收益分配问题。Guo 等（2023）[117]基于不对称信息博弈论和委托代理理论，探讨了努力水平对 IPD 项目利润分配的影响，得出各参与者在努力水平因素方面的策略。周峰等（2017）[118]针对基础设施合同能源管理中合同利益分享机制的不确定性因素，采用几何布朗运动构建了节能效益不确定下节能收益分享比例、能源价格及投资额等参数模拟模型。现如今关于供应链及企业联盟收益共享问题的研究较为成熟，可为工程建设行业提供借鉴。

工程项目建设过程中，合理的收益分配机制是项目优化事项能够达成的基础和关键。随着供应链及企业动态联盟收益共享问题研究的不断完善，相关研究理论和方法逐渐被引用到工程项目建设项目优化收益分配中。关于工程项目优化收益共享（分配）方法/机制的研究，王卓甫等（2016）[119]以业主和设计双方在设计优化中承担风险责任为基准，针对设计优化收益分配问题，构建了南水北调工程设计优化收益分配模型。An 等（2018）[120]基于讨价还价博弈，考虑主体公平关切行为的影响，建立了工程项目设计优化收益分配谈判模型。王丹（2017）[121]分析了建设工程项目 BIM 技术应用带来的效益，并基于 Shapley 值建立了建设工程 BIM 应用利益分配模型。Wang 和 Liu（2015）[122]针对 PPP 项目可能产生超额收益的问题，基于委托代理及公平偏好理论建立了 PPP 项目超额收益在政府和投资人之间分配的模型。Ding 等（2018）[123]基于委托代理理论研究了目标成本合同条件下大型水利水电工程 EPC 项目增值收益在业主方和承包人之间的分配问题，分离散和连续两种情形建立了相应的收益分配模型。杨艳平等（2017）[124]针对多标段、多专业分包商平行施工情况下总承包商与分包商的一对多结构，运用公平关切理论构建了群体激励模型，探讨了如何利用收益共享合同对分包商群体进行激励的问题。吴绍艳等（2023）[125]分别构建了多重公平参照点下总承包商和分包商之间的项目优化收益共享模型，分析了分包商具有不同公平关切程度和议价能力时，不同公平参照点对最优收益分配系数、双方各自最优努力水平的影响。张励行（2020）[126]在对 EPC 项目共享收益的性质与来源界定的基础上，对成本优化、质量优化、工期优化的收益共享方案展开了研究。

总的来看，收益共享/分配问题的研究起源于供应链间上下游企业合作问题的研究，有效的收益共享机制可以提升企业间合作的绩效。收益共享/分配机制建立过程中常常要考虑合作企业的合作成本、贡献、努力程度、风险等因素。收益共享/分配问题的解决往往依据 Shapley 值、博弈或谈判等理论或方法，或者是对上述方法的改进。

1.3.5　研究现状述评

综上所述，BIM 正逐渐成为学者们关注和研究的焦点，BIM 技术也在不断发展，促进了建筑业和工程建设技术的进步。BIM 技术也正逐渐被用于水利水电工程项目建设和管理中，然而工程设计、施工企业还正在摸索之中，BIM 的应用层次还比较低，应用尚处于"碎片化"阶段，BIM 综合应用模式缺失，与 BIM 综合协同应用相关的管理理论和方法有待进一步完善。总的来看，现有研究还存在以下不足之处：

（1）BIM 应用的研究多为 BIM 技术和应用方向或领域的研究，BIM 应用相关管理理论和方法的研究较为欠缺。现有研究大多是关于 BIM 软件的开发、功能的实现、BIM 标准制定、亦或是 BIM 应用领域及方向的研究，与 BIM 应用相关的管理制度及管理方法的研究较少。特别是基于业主方的 BIM 实施问题的分析与研究较为缺乏。

（2）BIM 平台的构建已逐渐为人们所关注，但现有关于 BIM 平台的研究，多为 BIM 平台构建结构或层次的分析以及 BIM 平台构建技术实现方法层面的研究。BIM 平台同样存在管理的问题，且 BIM 平台的有效应用离不开相应管理理论和方法的支撑。现有研究中关于 BIM 平台构建和管理理论与方法的研究较为欠缺。

（3）BIM 平台可为项目信息共享提供有力支撑，但委托代理机制下，传统观念认为共享关键信息与企业自身利益最大化存在矛盾。现有研究中，关于如何有效激励项目参建各方积极主动提供有效的项目信息来共建 BIM 平台，并通过对信息的高效利用提升项目建设质量的研究较为缺乏。

（4）关于工程项目优化的研究多注重进度和费用协同优化，以及项目优化方法或技术的研究，较少关注项目实施过程中基于项目现场数据进行项目优化的研究。水利水电工程项目规模大、投资多、技术复杂、工期长，工程自身及建设条件较为复杂，并伴随较大的不确定性，项目实施过程中存在较大的优化空间。工程建设过程中，基于 BIM 平台中项目实际信息，可对工程进行进一步的优化。另外，项目优化收益共享机制的研究也较为缺乏。

针对上述不足，本书将结合我国水利水电工程建设管理实践，基于水利水电工程项目发包人（业主）视角，以信息共享及其高效应用为主线，研究水利水电项目 BIM 平台的构建模式和应用管理机制。通过理论分析与工程实践相结合，主要研究水利水电项目 BIM 平台构建模式设计，水利水电项目 BIM 平台共建激励机制以及水利水电项目 BIM 平台应用收益共享机制的构建等。基于"共建、共享、共赢"的思想，完善水利水电工程 BIM 技术综合应用管理理论和方法，为水利水电工程发包人 BIM 应用提供指导，以弥补现有研究的不足，促进 BIM 在水利水电工程中的应用，提升水利水电工程建设和管理的质量和效率。

1.4 主 要 研 究 内 容

信息对水利水电工程建设至关重要，信息的共享和高效利用无疑能够提升水利水电工程建设和管理的效率和质量。基于 BIM 可构建水利水电工程项目建设协同优化及信息共享的平台，能够促进工程建设数字化、信息化和智能化，是建设领域创新发展的重要支撑。本研究拟利用信息经济学、不完全契约、委托代理、激励、博弈、收益共享、决策等相关理论和方法，基于"共建、共享、共赢"的思想，从水利水电工程发包人视角出发，以信息共享及高效利用为主线，研究水利水电项目 BIM 平台的构建模式和管理机制问题，主要研究水利水电项目 BIM 平台构建模式设计、水利水电项目 BIM 平台协同应用演化博弈分析、水利水电项目 BIM 平台共建激励机制以及水利水电项目 BIM 平台应用收益共享机制的构建等。具体内容如下：

（1）水利水电项目 BIM 平台构建模式设计研究。不同的水利水电工程有其自身的特点，不同的 BIM 平台构建模式也将会影响水利水电项目 BIM 平台建设和应用的效果。因此，不同的工程应有其最适用的 BIM 平台构建模式。因而，作为本研究的主要研究问题之一，本书拟从 BIM 平台构建模式设计的视角，结合工程调研和文献分析，研究可行的水利水电项目 BIM 平台构建模式，分析 BIM 平台构建关键影响因素，并基于系统工程相关理论建立水利水电项目 BIM 平台构建模式决策方法，从而提出具体可行的水利水电项目 BIM 平台构建模式设计的方法。

（2）水利水电项目 BIM 平台协同应用演化博弈分析。基于 BIM 平台协同应用能够实现水利水电项目价值的提升，实现多方参与的项目价值共创。然而，水利水电项目 BIM 平台协同应用的关键在于各利益相关方之间的合作和互动。同样，水利水电项目 BIM 平台的应用对参建主体策略选择也会产生影响。激励机制构建之前需理清 BIM 平台的应用对参建主体策略选择的影响。因此，作为本研究的另一个研究内容，本书拟基于演化博弈理论和前景理论，通过演化模型构建和模拟仿真，分析水利水电项目 BIM 平台协同应用过程中参与主体行为演化规律以及影响系统演化的关键要素，从而为后续 BIM 平台协同应用管理机制的设计提供支撑。

（3）水利水电项目 BIM 平台共建激励机制研究。BIM 平台的建设需要参建各方积极主动及时地提供有效的项目信息，然而委托代理机制下，作为代理人的承包方虽然具有信息优势，但由于共享关键信息同其自身利益最大化存在矛盾，其往往不愿意共享关键信息。因此，作为本研究的第三个重点研究内容，如何激励参建各方积极主动提供项目关键信息，以共建水利水电项目 BIM 平台，关系到 BIM 平台建设和应用的成败。因而，本书拟基于委托代理激励理论，研究构建水利水电项目 BIM 平台共建激励机制，从而激励参建各方积极主动提供项目信息，以共建水利水电项目 BIM 平台，实现信息共享的目的。

（4）水利水电项目 BIM 平台应用收益共享机制研究。BIM 平台构建的目的是促进信息的高效利用，而水利水电工程项目建设多利益主体参与下，信息的高效利用离不开与之相对应的收益共享机制。因此，本书的另一个重点研究内容就是建立有效的水利水电项目 BIM 平台应用收益共享机制。本书拟在分析 BIM 平台应用途径和价值的基础上基于收益共享理论，考虑主体公平关切行为等，构建水利水电项目 BIM 平台应用收益共享机制，并进一步将谈判机制引入收益共享问题中，建立相应的收益共享谈判模型，以解决水利水电项目 BIM 平台应用收益共享问题，从而实现 BIM 平台的有效应用，提升信息利用效率以及水利水电工程项目建设的质量。

上述四个主要研究内容围绕水利水电项目 BIM 平台管理体系和机制，从 BIM 平台构建、BIM 平台协同应用对参建主体的影响、BIM 平台建设和 BIM 平台应用等方面展开。研究问题之间本质上存在递进的逻辑关系，本书主要研究内容分析如图 1-5 所示。

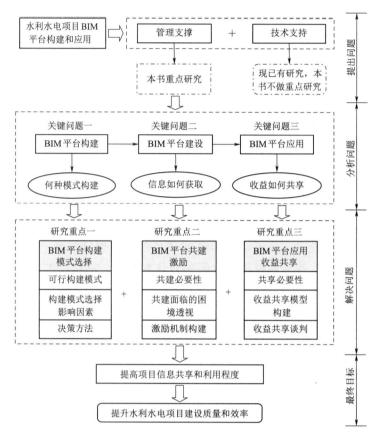

图 1-5　主要研究内容分析

1.5　研究方法与技术路线

1.5.1　研究方法

　　本研究以信息经济学、不完全契约、委托代理、激励、博弈、收益共享、决策等相关理论和方法为基础，研究水利水电项目 BIM 平台建设和应用。在研究过程中，紧密结合工程实践，进行广泛调研、深度访谈，在技术活动中挖掘管理问题，并把握问题本质。拟在文献研究、工程调研，并明确研究任务和目标的基础上，结合我国建设领域实践情况，分析 BIM 在水利水电工程项目中应用的价值，研究水利水电项目 BIM 平台构建模式设计方法；结合演化博弈理论和前景理论，分析水利水电项目 BIM 平台协同应用演化趋势和规律；并进一步基于委托代理，结合激励理论，通过建模的方法研究水利水电项目 BIM 平台共建激励机制；在此基础上，结合收益共享理论和谈判理论，研究水利水电项目 BIM

平台应用收益共享机制。同时，在整个研究中，注重文献研究与工程调研相结合、理论研究与实证研究相结合。研究主要方法有：

（1）文献研究与工程调研。通过广泛搜集文献资料获取国内外 BIM 技术发展、应用和管理相关的文献资料和实际工程项目应用案例，了解 BIM 技术及其应用发展趋势以及相关国内外研究热点问题，在此基础上采用专家访谈和工程实际调研等科学的方式，了解水利水电工程建设管理领域 BIM 技术应用中面临的关键问题，从而准确、全面地了解和掌握有待研究的问题。在前人研究的基础上，对现有理论和方法中所存在的一些不足进行改进和完善。

（2）对比分析法。本研究拟在工程实际调研的基础上，分析总结可行的水利水电项目 BIM 平台构建模式；在此基础上，通过对比分析研究，理清不同水利水电项目 BIM 平台构建模式的优势、不足之处及其适用情况，从而为不同水利水电项目 BIM 平台构建模式设计优化奠定基础。

（3）定性分析与定量研究相结合。本研究拟运用定性分析方法，研究水利水电项目 BIM 平台构建可行模式以及 BIM 平台构建模式设计的关键影响因素，BIM 平台激励机制建立的影响因素以及收益共享机制构建影响因素等内容；运用定量分析的方法，研究水利水电项目 BIM 平台构建模式的决策，水利水电项目 BIM 平台共建激励设计以及 BIM 平台应用收益共享分配方案的设计等问题。

（4）数学建模法。考虑水利水电项目 BIM 平台的应用对参建主体策略选择的影响，基于演化博弈理论和前景理论，构建水利水电项目 BIM 平台协同应用演化博弈分析模型，通过演化模型构建和模拟仿真，分析水利水电项目 BIM 平台协同应用过程中参与主体行为演化规律以及影响系统演化的关键要素，从而为后续 BIM 平台协同应用管理机制的设计提供支撑。

在不完全契约理论、委托代理理论、博弈理论及激励等相关理论的综合指导下，针对如何激励参建各方积极提供信息来共建水利水电项目 BIM 平台的问题，构建水利水电项目 BIM 平台共建激励模型，并对激励额度的确定进行分析，解决水利水电项目 BIM 平台共建信息获取问题。

为实现对 BIM 平台中信息的高效利用，基于收益共享理论和讨价还价博弈理论，考虑主体公平关切行为，建立水利水电项目 BIM 平台协同应用收益共享模型和水利水电项目 BIM 平台协同应用谈判模型，利用博弈和谈判的手段解决水利水电项目 BIM 平台协同应用收益共享的问题。

（5）数值模拟分析法。在构建水利水电项目 BIM 平台协同应用演化博弈分析模型基础上，通过模拟仿真，分析水利水电项目 BIM 平台协同应用过程中参与主体行为演化规律以及影响系统演化的关键要素；此外，水利水电项目 BIM 平台协同应用收益共享机制建立及收益共享谈判容易受参与方公平偏好行为的影响。本书拟基于模拟分析的方法，利用 MATLAB 及 R 语言等工具，通过模拟仿真分析主体公平偏好行为对水利水电项目 BIM 平台协同应用收益共享结果以及 BIM 平台协同应用收益共享谈判结果的影响。

总之，本书力求在把握研究问题本质的基础上，针对具体问题，采用有效的方法进行针对性分析，做到理论与实践相结合、定性与定量相结合，从而保证本书研究目标能够顺利实现。

1.5.2 研究技术路线

基于 BIM 可以构建水利水电工程项目建设信息共享及协同优化平台，实现项目全生命周期内参与各方间的信息共享，并通过信息的高效利用来优化工程，提升水利水电工程建设的质量和效率。然而，BIM 平台的有效应用离不开相应管理体系和机制的支撑。因而，本书拟在对相关研究现状进行系统分析的基础上，基于信息经济学、不完全契约、委托代理、激励、博弈、收益共享、决策等相关理论和方法，从水利水电项目 BIM 平台构建模式、BIM 平台共建激励机制和 BIM 平台应用收益共享机制三个方面展开，研究水利水电项目 BIM 平台管理体系和机制的构建。具体研究技术路线如图1-6 所示。

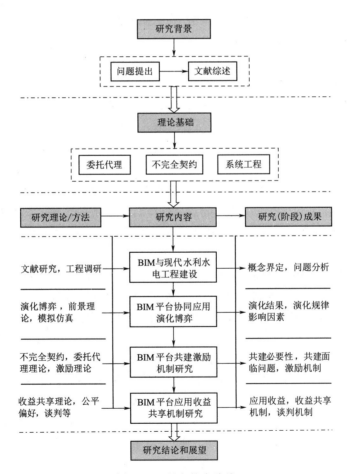

图 1-6 研究技术路线

1.6 创新点与章节安排

1.6.1 创新点

在把握研究现状和相关工程实践的基础上,本书旨在研究水利水电工程发包人如何有效利用 BIM 技术提升水利水电工程建设的质量和效率。主要从管理的角度研究水利水电项目 BIM 平台的建设和应用,包括水利水电项目 BIM 平台构建模式及其优化设计、水利水电项目 BIM 平台共建激励机制构建,以及水利水电项目 BIM 平台应用收益共享机制构建等,以期能够弥补现有研究中的不足,完善水利水电工程 BIM 技术综合应用的管理体系和机制,促进 BIM 技术在水利水电工程中的应用,提高水利水电工程项目建设信息共享和利用程度,进而提升水利水电工程建设的质量和效率。本书的创新点主要包括如下 4 个方面:

(1)构建了水利水电项目 BIM 平台构建模式决策方法。本书基于实际调研和文献分析,提出了 4 种可行的 BIM 平台构建模式,包括业主方自建模式、设计方主导模式、委托第三方模式和咨询辅助模式。在此基础上,从项目特性、业主方能力以及平台构建的成本和效用等方面构建了水利水电项目 BIM 平台构建模式设计影响因素集。进而基于改进的区间直觉模糊群决策方法建立了水利水电项目 BIM 平台构建模式决策模型,从而提出了水利水电项目 BIM 平台构建模式设计的方法。依据具体水利水电工程项目特点,可对其适用的 BIM 平台构建模式进行设计。

(2)厘清了水利水电项目 BIM 平台协同应用过程中博弈主体的策略选择对不同利益主体策略选择以及 BIM 平台应用的影响规律。考虑到参与主体具有有限理性,通过引入前景理论深入分析影响不同利益主体决策的心理因素,采用以反映博弈主体对损益感知价值敏感程度的价值函数和反映主体对事件发生概率的主观认识的权重函数表示演化博弈理论的复制动态方程,通过演化博弈模型构建和分析,深入探讨了水利水电项目 BIM 平台协同应用过程中决策主体的价值感知和风险偏好对演化过程与演化稳定点的影响。从而厘清了 BIM 平台协同应用过程中博弈主体策略选择对其他利益主体策略选择以及 BIM 平台应用的影响规律。

(3)构建了水利水电项目 BIM 平台共建激励机制。本书基于不完全契约及委托代理激励理论,从共建 BIM 平台的角度出发,以施工承包人为例,考虑承包人信息提供的直接成本和机会成本,分离散简化和连续两种情形,构建了水利水电项目 BIM 平台共建激励机制。以促进项目参建各方积极主动提供信息来共建水利水电项目 BIM 平台。

(4)提出了水利水电项目 BIM 平台应用收益共享的方法。本书基于收益共享理论,从共赢的理念出发,以项目设计方为例,考虑各方的成本、努力程度和努力效用程度及公平偏好,构建了水利水电项目 BIM 平台应用收益共享模型。考虑到收益共享问题的复杂性,进一步将谈判机制引入收益共享问题中,建立了相应的水利水电项目 BIM 平台应用收益共享谈判模型,从而系统地提出了水利水电项目 BIM 平台应用收益共享的方法,以解决水利水电项目 BIM 平台应用收益共享的问题。

1.6.2 章节安排

本书拟从管理的视角研究 BIM 在水利水电工程中综合应用相关的管理体制机制问题。围绕主要研究问题，章节安排如下：

第1章 绪论。主要介绍本书的研究背景、目的以及研究意义，研究的主要内容，研究方法及技术路线，研究的主要创新点等。并对国内外相关研究现状进行系统研究，分析相关研究的不足之处。在此基础上，提出研究的研究框架及章节安排。

第2章 水利水电项目 BIM 平台及其应用面临的问题分析：本章主要基于文献分析和工程调研，结合水利水电工程及其建设管理特点，分析 BIM 在水利水电工程建设和管理中综合应用的价值意义；给出 BIM 平台构建框架，并分析水利水电项目 BIM 平台建设和应用面临的关键问题等。

第3章 水利水电项目 BIM 平台构建模式。信息对水利水电工程建设至关重要，基于 BIM 可以构建水利水电项目建设信息共享和协同优化平台。然而，不同的工程有其不同的特点，BIM 平台如何构建和管理，关系到 BIM 在水利水电工程中的应用效果。因此，本章主要基于文献分析和工程调研研究可行的水利水电项目 BIM 平台构建模式，分析影响 BIM 平台构建的关键因素，并基于决策理论和方法研究水利水电项目 BIM 平台构建模式决策问题，从而给出水利水电项目 BIM 平台构建模式设计的方法。

第4章 水利水电项目 BIM 平台协同应用演化博弈分析。BIM 平台协同应用的关键在于各方利益相关者之间的合作和互动。基于 BIM 平台协同应用的价值共创过程是一系列参与主体动态博弈的过程，可以采用演化博弈理论对不同参与者的演化行为进行分析，为解释激励或者处罚的有效性和参与者的策略变化提供一种定量的分析方法。因此，本章采用演化博弈理论分析水利水电项目 BIM 平台协同应用过程中博弈主体的策略选择对不同利益主体策略选择以及 BIM 平台应用的影响。

第5章 水利水电项目 BIM 平台信息供给激励机制。BIM 平台的有效应用需要参与各方积极主动提供项目实际信息，而传统观念认为共享关键信息与自身利益最大化存在矛盾。因此，本章主要基于委托代理激励理论，研究如何激励参建各方积极提供项目信息来共建水利水电项目 BIM 平台。

第6章 水利水电项目 BIM 平台应用收益共享机制。信息的高效利用无疑能够提升水利水电工程建设和管理的质量。然而水利水电工程项目建设多利益主体参与下，收益的合理共享关系着 BIM 平台的应用效果。本章首先分析水利水电项目 BIM 平台的应用及协同应用收益；进而基于收益共享理论，考虑主体公平偏好等，建立水利水电项目 BIM 平台应用收益共享机制。考虑到收益共享问题的复杂性，进一步将谈判机制引入 BIM 平台协同应用收益共享问题中，建立相应的水利水电项目 BIM 平台应用收益共享谈判模型，为水利水电项目 BIM 平台协同应用收益共享机制设计提供支撑。

第7章 结论与展望。本章主要对本书的研究内容、研究过程及研究结果做出总结。并分析研究的创新及不足之处，在此基础上对未来需要进一步研究的问题做出展望。

第2章　水利水电项目 BIM 平台
及其应用面临的问题分析

水利水电工程建设是经济发展的重要支撑条件，也是改善人民生产生活环境和保障社会安全的重要举措。BIM 技术的有效应用是实现工程建设与管理现代化、信息化、数字化、智慧化的重要举措，也是建设领域创新发展的重要支撑。与一般房屋建筑、市政工程等其他建设工程项目相比，水利水电工程建设条件和建设环境更为复杂，建设规模、建设周期和建设过程中面临的不确定性更大，这也就为 BIM 技术的应用提供了更大的空间。然而 BIM 技术如何才能在水利水电工程项目建设中发挥出最大价值？本章主要针对该问题，结合 BIM 技术的应用价值及水利水电工程项目及其建设管理的特点，分析水利水电项目 BIM 平台的构建及运用价值、水利水电项目 BIM 平台构建架构及其运行机制，以及水利水电项目 BIM 平台构建和应用面临的关键问题等。

2.1　BIM 及 BIM 平台

2.1.1　BIM

2.1.1.1　BIM 技术

BIM 概念的提出可追溯到 20 世纪 70 年代美国卡内基梅隆大学 Chuck Eastman 教授提出的 "Building Description System"（BDS）。随后，随着信息技术的发展以及信息技术在建设工程领域的不断深入运用，与 BDS 相似的提法也曾出现多个，但不同提法的内涵不尽一致。直到世纪之交，各方的看法才逐渐趋于一致，建筑信息模型（Building Information Modeling）的说法也得到了广泛的认同。关于 BIM 的理解，不同国家和地区存在细微的差别，BIM 相关概念界定如表 2-1 所示。

表 2-1　　　　　　　　　不同国家和地区 BIM 相关概念界定

国家/地区	BIM 定义	来源
美国	BIM 是一个基础设施的物理和功能特性的数字表示，其作为一个共享设施的信息资源，可为设施全生命周期中的决策提供可靠的基础	NIBS，2007
	BIM 是一个多方面的计算机软件数据模型的开发和应用，它不仅可以记录一个建筑设计，而且可以模拟设施的建造和运行。由此产生一个数据丰富、基于对象的、智能化和参数化的数字表示的设施的建筑信息模型，在此基础上，各种用户的需求可以被吸纳和分析，从而通过反馈来完善设施设计	GSA，2007

续表

国家/ 地区	BIM 定 义	来 源
美国	一组定义的模型使用、工作流和建模方法，用于从模型中获得特定的、可重复的和可靠的信息。建模方法影响模型信息生成的质量。何时和为何使用和共享模型，影响 BIM 产出和决策支持的效力和效率	DVA，2010
	一种用于设计、分析、建造和运营的基础设施的电子表达。BIM 由建筑元素的几何、3D 表示加上需要在 AEC 交付过程和设施的操作过程中被捕获和转移的附加信息	AGC，2010
	BIM 指的是旨在促进协调和项目协作的软件应用的数字集合。BIM 也可以被看作是在实际建造之前，在计算机上模拟建造建筑物并形成设计和施工资料的过程	DDC，2012
	BIM 是一个设施的物理和功能特征的数字化表达，从最早的概念到拆除，为其创建一个共享的知识资源，并在其生命周期中形成一个可靠的基础	NBIMS，2014
	BIM 是最有希望的发展之一，它允许创建一个或多个精确的虚拟数字构造的建筑模型，以支持建筑物的设计、建造、制造和采购活动	Eastman 等，2011
英国	有效地收集和重复利用项目数据，以减少错误和增加对设计和价值的关注	AEC，2009
	一个共享的关于建筑物体（包括建筑物、桥梁、道路等）物理和功能特性的数字化表达，可为决策提供可靠的基础	BSI，2010
	BIM 本质上是通过资产的整个生命周期创造价值的协作，通过创建、整理和交换共享 3D 模型及其所包含的智能、结构化数据	BIM Task Group，2013
丹麦	一种基于建筑模型的方法，该模型包含关于建筑的任何信息。除了基于对象的 3D 模型，还包含诸如规格、建筑元素规范、经济和规划等信息	Bips，2007
	一种建模概念，其中各方在建设项目的整个生命期内创建和使用一致的数字信息。这不仅包含 CAD 和对象数据，还涉及与项目有关的任何信息，如详细的解决方案、规范和项目文档（如会议纪要）等	
荷兰	在 BIM 建模应用中用 BIM 对象构建的建筑物的完整三维信息源模型。BIM 可以由多个个体模型组成，从 BIM 中可以提取生产所需的 BIM 所包含的所有建筑信息	MIKR，2012
中国香港	生成和管理建筑数据在其生命周期中的过程，使用三维的实时动态的建筑建模软件来提高建筑设计和施工的生产率。该过程产生建筑信息模型（BIM），包括建筑几何、空间关系、地理信息和建筑构件的数量和属性等信息	香港 BIM 学会，2011
中国内地	全寿命周期工程项目或组成部分物理特征、功能特性及管理要素的共享数字化表达	《建筑工程信息模型应用统一标准》（GB/T 51212—2016）
	在建设工程及设施全寿命内，对其物理和功能特性进行数字化表达，并在此设计、施工、运营的过程和结果的总称	《建筑信息模型施工应用标准》（GB/T 51235—2017）
	在建设工程及设施全寿命内，对其物理和功能特性进行数字化表达，并依此设计、施工、运营的过程和结果的总称	《城市轨道交通工程 BIM 应用指南》

资料来源：文献［127］及作者整理。

由表 2-1 可以看出，关于 BIM 的概念较多，并且不同国家和地区关于 BIM 的定义也有所差异。但是整体来看，可以将 BIM 理解为在计算机辅助设计等技术基础上发展起来的建筑信息建模技术,该技术可对建筑工程物理特征和功能特性信息进行数字化承载和可视化表达。与此同时,利用 BIM 三维模型及模型内的信息可以在建设项目规划、设计、施工、运营管理等各个阶段对建筑物进行分析、模拟、优化、可视化、施工图绘制、工程量统计和运行管理等。BIM 能够应用于工程项目规划、勘察、设计、施工、运行维护等各个阶段,实现建筑全生命期各参与方在同一多维建筑信息模型基础上的数据共享与多方协同应用;支持对工程环境、能耗、经济、质量、安全等的分析、检查和模拟,为项目全过程的方案优化和科学决策提供依据。

总的来看,BIM 技术相较于 CAD 具体强大的分析和计算功能,基于 BIM 可以实现许多传统工程项目建设与管理难以实现的应用。因此,BIM 技术的出现必将引领建筑业创新高质量发展。如果将 CAD 取代手工绘图视为建筑领域的第一次变革,那么 BIM 技术取代 CAD 无疑是建筑领域第二次革命。建筑业变革路径如图 2-1 所示。

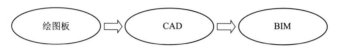

图 2-1 建筑业变革路径

现如今,经过数十年的发展,BIM 技术逐渐发展成熟,已经逐渐被有效地应用于建设领域的各个方面。与此同时,BIM 建模及相关软件也得到了快速的发展。目前国际上较有影响力的 BIM 建模分析软件主要有欧特克(Autodesk)、奔特力(Bentley)和达索(Dassault)3 个厂商的产品。其中,欧特克系列 BIM 产品多用于民用建筑工程;奔特力系列 BIM 产品多用于基础设施建设领域;达索系列 BIM 产品多用于航空和大型造船工程[128]。国内 BIM 核心产品研发起步相对较晚,近年来也在不断完善,形成了系列产品。对水利水电工程建设行业而言,当下国内大型水利水电设计企业已经开始运用 BIM 技术,应用的 BIM 核心建模软件也主要来自欧特克、奔特力和达索三家,其中奔特力(Bentley)应用最为广泛[128]。根据作者所在团队实际调研情况,在众多水利工程设计院中,华东勘测设计研究院在水利水电行业较早开始应用 BIM,且当下 BIM 技术应用能力较强、应用效果较好。国内大型水利水电设计单位 BIM 建模软件应用情况如表 2-2 所示。

表 2-2　　　　　　　　国内大型水利水电设计单位 BIM 建模软件应用情况

单 位 名 称	BIM 建模软件	单 位 名 称	BIM 建模软件
华东勘测设计研究院	Bentley	长江水利委员会长江勘测规划设计研究院	Catia/Bentley
中南勘测设计研究院	Bentley	黄河水利委员会勘测规划设计研究院	Catia/Bentley
成都勘测设计研究院	Catia	中水北方勘测设计研究	Bentley
北京市水利规划设计研究院	Autodesk	中水东北勘测设计研究有限公司	Bentley
昆明市水利水电勘测设计研究院	Autodesk +Bentley	广东省水利水电勘测设计研究院	Bentley
		辽宁省水利水电勘测设计研究院	Bentley
贵州水利电力勘测设计研究院	Bentley	吉林省水利水电勘测设计研究院	Catia
贵阳勘测设计研究院	Catia	黑龙江省水利水电勘测设计研究院	Bentley

续表

单位名称	BIM建模软件	单位名称	BIM建模软件
河北省水利水电第二勘测设计研究院	Bentley	广西水利电力勘测设计研究院	Bentley
河南水利水电勘测设计研究院	Bentley	安徽省水利水电勘测设计研究院	Bentley
宁夏水利水电勘测设计研究院	Bentley	江西省水利水电勘测设计研究院	Bentley
青海省水利水电勘测设计研究院	Autodesk	江苏省水利勘测设计研究院	Autodesk
上海勘测设计研究院	Bentley		

资料来源：文献［128］以及作者所在团队调研情况。

2.1.1.2　BIM应用价值

BIM的发展和应用促进了建筑业由依据二维图纸的生产方式向依据三维模型的生产方式的跨越，有效地解决了二维生产方式下设计管线碰撞、设计错漏、难以可视化、难以实现多方协同等一系列难题；对工程项目施工过程，BIM技术的应用使工程施工前的三维动态仿真成为可能，基于三维动态仿真能够实现合理的施工组织与资源配置，促进了工程施工资源的高效利用和施工质量的提升；对工程项目业主监管而言，通过参与各方共享的BIM协同应用平台的构建，促进了工程建设监管方式的改变，并可有效提升监管效率。BIM在工程建设中的有效应用，也能够改变传统建设模式下工程参建各方之间的信息交互方式和协同协作关系，使工程参建各方形成了如图2-2所示的关系，对工程建设参与各主体均有深刻的影响，并产生应用价值。

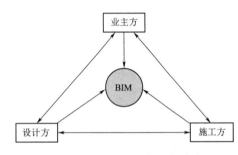

图2-2　BIM与工程参与方的关系

BIM应用价值的研究是BIM研究的热点话题之一，许多学者都做了深入的分析。例如，美国宾夕法尼亚州立大学和我国住房和城乡建设部均组织了相关人员关于BIM技术的应用价值进行了系统研究，研究结果较为系统，且具有代表性。根据其研究结果，BIM的应用价值主要体现在以下几个方面[129]。

（1）三维建模设计。相较于传统的二维CAD制图设计，基于BIM可实现三维建模设计，三维模型展示与漫游体验等，更直观地展示设计成果和设计效果；与此同时，建筑、结构、机电等各专业可实现协同建模，实现同步设计；此外，参数化建模可实现设计优化的同步性，实现一处修改，相关联内容智能修正；不仅如此，通过三维建模，可有效避免传统设计模式错、漏、碰、缺等情况的发生，提高设计的准确性。因此，基于BIM设计可以极大地提升设计效率，同时提升设计成果的质量。

（2）结构和能耗分析。基于所建三维模型，在相应结构分析工具辅助下可有效开展抗震、抗风、抗火等结构性能设计分析，优化结构性能设计；与此同时，在相应能耗分析工具辅助下可对建筑日照、能耗、碳排放等进行计算、分析与评估，进而开展能耗性能优化，提升设计质量，降低工程项目对环境的影响，提高项目的可持续性；并且，计算分析结果可存储在BIM模型或信息管理平台中，便于后续应用。

（3）工程量统计和造价分析。基于BIM三维模型，在相应分析软件辅助下可直接输出土建、机电设备等统计信息报表，输出工程量统计信息，在提升工程量计算准确性的同时，大大节约工程计量时间，并且将工程量统计信息与概预算专业软件集成，可自动计算生成概预算分析结果。

（4）施工动态仿真。基于 BIM 可进行 3D 施工工况展示，以及 4D 虚拟建造施工模拟。基于虚拟施工模拟，便于施工方案论证、优化、展示以及技术交底；同时，可以实现施工用料和工程量自动计算；通过施工模拟也可以消除现场施工过程干扰或施工工艺冲突；便于施工场地科学布置和管理。

（5）施工进度和成本管理。基于 BIM，在相应进度管理工具辅助下可实现进度计划的可视化、自动化编制，优化、监控、预警与调整；借助成本管理工具实现对成本的实时监测、预测、分析与控制，从而实现对施工进度和成本的精细化和高效管理。

（6）有利于参建主体的沟通与协调。基于三维信息的 BIM 模型可承载工程项目建设过程中的各种信息，从而可以将 BIM 作为一个信息与资源共享的平台，支持不同专业团队在同一个模型共享和传递信息，实现协同工作，提升沟通效率，减少沟通成本。

从上述分析来看，相较于传统工程建设方式，BIM 技术能够为工程项目的建设和管理提供更为强有力的支撑。基于 BIM 可以便捷实现传统二维设计模式下难以实现的一些功能，为工程建设参建各方提供了不同程度的帮助，从而提升工程项目建设和管理的效率。然而，上述 BIM 功能仅为 BIM 技术能够实现的最基本的应用功能，BIM 的多方综合协同应用才能发挥其更大的价值。

2.1.2　BIM 平台及其特点

2.1.2.1　BIM 平台

基于 BIM 能够提升工程设计质量和效率，解决诸多设计问题，实现传统 CAD 制图模式下难以实现的诸多功能。但是，随着 BIM 技术的不断发展，人们对 BIM 应用的需求已不再局限于最基础层面三维建模、碰撞检查、施工模拟等点状功能的实现。人们也逐渐开始追求 BIM 更深层次的应用，以基于 BIM 实现工程项目建设全过程的信息共享和高效利用等，通过 BIM 的综合应用来提升工程建设和运行的整体效益。特别是随着互联网、物联网、GIS、数据库、云计算以及人工智能等技术的发展，BIM 与这些技术相结合的综合应用逐渐为人们所关注，将 BIM 与这些技术深度融合可以构建工程项目建设 BIM 综合协同应用平台。通过 BIM 综合协同应用平台的建设和有效应用，可实现工程项目建设全生命期内信息的共享和高效利用，从而提升工程项目建设的质量和效率，实现工程项目建设整体效益的最大化。BIM 平台的构建是 BIM 技术应用价值最大化实现的重要途径，且只有将 BIM 与互联网、物联网、数据库、云计算等技术相结合通过 BIM 平台的构建和有效应用才能发挥出 BIM 技术最大化的价值。

通常情况下，平台（platform）指计算机软件或硬件的操作环境，泛指进行某项工作所需要的环境或条件。关于 BIM 平台，我国住房和城乡建设部《城市轨道交通工程 BIM 应用指南》给出了 BIM 数据集成与管理平台的定义，指出 BIM 数据集成与管理平台是利用三维建模、GIS、物联网、移动互联、大数据、云计算和人工智能等技术，实现建设工程及设施全寿命期内信息数据集成、传递、共享和应用的软件和硬件环境。

对水利水电工程项目建设而言，工程项目建设规模大、建设周期长、建设环境复杂，工程项目建设过程中面临巨大不确定性，BIM 技术应用存在巨大空间。水利水电工程建设过程中，项目法人/业主可以以项目为对象构建项目级 BIM 综合协同应用平台，并通过 BIM 平台的有效应用提升水利水电项目建设的质量和效率。在此，借鉴住房和城乡建设部关于 BIM 数据集成与管理平台的定义，本书将水利水电项目 BIM 平台定义为基于建筑信息模型（BIM）、GIS、物联网、互联网、数据库、云计算和人工智能等技术，实现水利水电工程项目建设信息数据集成、传递、共享和应用的软件和硬件环境。因此，可以看出建筑信息建模技术只是 BIM 平台的重要组成部分，除此之外还应包含物联网、移动互联、数据库、云计算、人工智能等相关技术。

2.1.2.2 BIM 平台核心理念

基于 BIM、互联网、物联网、GIS、云计算、数据库以及人工智能等技术的深度融合可以构建工程项目建设 BIM 综合协同应用平台。相较于单体 BIM 应用，BIM 平台具有更为强大的功能，基于 BIM 平台的多方协同应用能够获得更大的项目建设管理效益。关于 BIM 平台，其核心理念主要体现在以下几个方面。

（1）信息共享。BIM 中的 I 指 Information，即信息，在 BIM 的概念中可以理解为信息或数据。在工程项目建设过程中，蕴藏着庞大的信息与数据，且这些信息分属于不同的领域，如工程项目前期决策信息、工程设计信息、工程施工管理信息等。这些信息同样也分属于不同的单位或部门，如设计方信息/资料、施工方信息/资料、监理方信息/资料、咨询方信息以及设备材料供应方信息等。BIM 应用的最终目标是通过使用应用软件建立基于三维模型的建筑多维信息模型，实现工程建设多参与方、多专业在内，包含规划、设计、施工、运行维护等各阶段的工程全寿命期中对模型信息的共享，并通过高效地利用该模型和模型中存储的信息，有效地提高建设工程质量和管理效率。而这一信息共享和高效利用目标的实现需要以项目为对象构建起项目级 BIM 协同应用平台。通过 BIM 协同应用平台的构建和应用可将工程建设过程中的信息进行整理、分类、汇总，并有效进行承载。并基于网络技术，可以实现信息在工程项目各参与方之间的共享，以此来实现信息真正为工程项目建设和运行所用的目的，从而解决工程项目建设过程中存在的"信息孤岛"和"信息断层"等问题。这是 BIM 技术的优势所在，也是 BIM 平台构建和应用的价值所在。

一方面，BIM 平台应用价值的充分发挥客观上要求工程项目参建各方积极向 BIM 平台提供信息，通过 BIM 平台的共建来实现项目信息的共享；另一方面，通过 BIM 平台的构建，可对信息进行集成和承载，可以为工程参建各方创造信息沟通和交流的条件。工程项目建设过程中各参建方可以随时向 BIM 平台提供信息，同时也可以随时从平台获取信息。因而，BIM 平台的构建和有效应用可以为工程项目建设参建各方信息共享提供支撑，促进参建各方之间的信息共享。因此，无论从 BIM 平台价值的发挥，还是从 BIM 平台应用的结果都可以看出信息共享（information sharing）是 BIM 平台应用的核心理念之一。基于 BIM 平台的信息共享模型如图 2-3 所示。

（2）管理协同。人类社会历史发展的过程也是一个协同发展的过程。通过协同，人们可以完成一个人无法完成的大规模工程，令现代人叹为观止的埃及金字塔和我国的万里长城等均是人类协同劳作的典型成果。协同（synergy）一般指系统中诸要素或各子系统间在操作、运行过程中的合作、协调和同步，这种作用所产生的结果可称为协同效应，协同效应往往会产生"1+1>2"的效果。把管理和协同结合起来就形成了管理协同（management synergy）的概念。现如今，随着社会的不断发展，工程建设项目的规模不断变大，大多数工程建设项目都是一个庞大的系统工程，涉及多个专业，参与主体众多。且工程项目建设具有复杂性、临时性、分散性、唯一性的本质特性，这就要求项目建设团队成员之间要协调协作，以确保建设项目能够成功。同时在协同管理的基础上能够实现协同带来的"1+1>2"的效果，

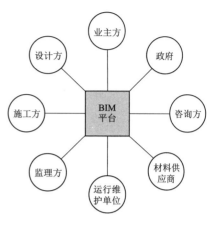

图 2-3　基于 BIM 平台的信息共享

从而实现工程项目建设效益的最大化。因此，要想实现工程项目建设效益的最大化，必须实现参建各方之间管理的协同。

信息是管理的基础，是项目管理决策和工程项目优化的依据。信息流的畅通是系统有效运行的重要前提条件，信息流的任何阻塞或中断都会使系统无序，进而削弱系统的功能。因而，信息是管理协同的基础，信息对工程项目建设效益最大化的实现具有重要意义。BIM 平台的建设和有效应用为工程项目建设管理协同创造了条件。一方面，通过 BIM 平台的构建，可以为参建各方信息的沟通提供支撑，从而能够实现参建各方之间的信息共享，在信息共享的基础上实现管理上的协同；另一方面，管理的协同是工程项目建设过程中信息能够得以共享的基础，也是 BIM 平台中信息价值能够得以充分利用的关键。通过管理的协同，可以实现 BIM 平台应用效益"1+1>2"的效果。管理的协同能够使得 BIM 平台发挥出更大的整体效益。因此，BIM 平台的另一核心理念是管理协同，BIM 平台又可以称为 BIM 协同应用管理平台。只有通过管理的协同方能实现管理和 BIM 平台应用的高效率，从而实现工程项目建设整体效益的最大化。

2.1.2.3 BIM 平台特点

通过 BIM 平台的构建和应用可以实现工程项目建设全生命期内信息的共享和管理的协同，从而能够提升工程项目建设的整体效益。从 BIM 平台的定义可以看出，BIM 平台是集三维建模、GIS、物联网、移动互联、大数据、云计算和人工智能等技术于一体的综合应用平台。相较于一般共享数据库或信息管理系统，从功能上来看，BIM 平台包含一般共享数据库/信息管理系统的功能和作用。但是，BIM 平台的功能和作用并不局限于一般共享数据库简单的数据存储和传递功能。具体而言，相较于一般共享数据库或信息管理系统，BIM 平台优势主要表现在以下几个方面：

（1）拓宽了项目信息的可表达空间。基于信息资源理论，信息的存在和传递离不开一定的物质载体。传统建设管理模式下，工程项目建设信息传递以二维图纸或纸质、电子文档为主。相较于基于文档及二维平面图纸传递的信息，基于三维模型的 BIM 平台具有可视化、动态化、多维化的信息表达功能，一方面拓宽了信息的可表达空间，能够直观形象

地对信息进行呈现和表达；另一方面，提升了信息传递的完整性，增加了信息的可理解性。信息的完整性及可理解性在很大程度上决定着信息的利用价值。因此，相较于一般的共享数据库或信息管理系统，基于 BIM 平台不仅能够及时地实现信息的传递以及对信息进行有效承载，而且能够拓展项目信息可表达的空间，提升传递信息的可利用价值。

（2）信息/数据分析处理能力更强。一般的共享数据库或信息管理系统，其功能大都仅限于信息/数据的承载和传递，以及简单的数据统计分析功能。主要起到对信息的统计、承载和管理的作用，相对而言所具有的功能十分有限。而根据美国国家建筑科学院（NIBS）对 BIM 的定义，BIM 技术的应用可以创建一个可计算的展示模型，即基于 BIM 可以实现较强的数据分析和计算功能。因此，基于三维模型的 BIM 平台不仅能够实现对数据/信息的承载和传递，并且借助于 BIM 平台内信息模拟分析工具能够实现较强的模拟分析计算功能。因而，BIM 平台信息/数据处理的能力更强，基于 BIM 平台能够快速实现模拟分析，从而对信息加以利用，来提升工程项目建设的质量和效率。

（3）BIM 平台应用价值更高。整体来看，BIM 平台包含一般共享数据库和信息管理系统的功能，但是基于三维模型、物联网、大数据及云计算等技术为一体的 BIM 平台，相较于一般共享数据库/信息管理系统，更具有信息传递直观形象、完整性强、信息表达空间和表达方式多样化等特点，信息传递和信息利用价值更高。同时，在相应计算分析工具辅助下，BIM 平台具有较强的信息/数据处理分析能力及模拟仿真等特点，可以快速地对信息加以处理和应用，从而能够发挥信息最大价值和作用。因此，相较于一般共享数据库/信息管理系统，BIM 平台的构建和应用价值更高。并且，共享数据库在水利水电工程建设过程中应用较少，BIM 平台才是水利水电项目发展的未来和方向。

（4）BIM 平台构建和管理较为复杂。BIM 平台是集三维建模、GIS、物联网、移动互联、大数据、云计算和人工智能等技术于一体的综合应用平台。其具有一般共享数据库/信息管理系统的功能，但相较于一般共享数据库/信息管理系统，功能更为强大的 BIM 平台的有效应用涉及的技术也更为复杂。并且，相较于一般共享数据库，BIM 平台的构建和管理也更为复杂，BIM 平台构建完成之后需要的维护管理工作量更大。此外，BIM 平台最大价值的发挥需要多主体参与的多方协同应用。多主体协同利用下，BIM 平台的有效应用也需要更为复杂的管理理论与方法的支撑。因此，BIM 平台的构建和构建完成后的维护管理需要由技术能力较强、应用经验丰富的企业/部门来负责，同时 BIM 平台的有效应用也需要相应管理理论与方法的支撑。

BIM 平台与一般共享数据库对比分析如表 2-3 所示。

表 2-3　　　　　　　　BIM 平台与一般共享数据库对比分析

对比分析	一般共享数据库	BIM 平台
信息表现形式	基于文字或二维图像	基于三维模型
信息的可表达空间	较窄	较宽
传递信息的可理解性	较低	较强
传递信息的完整性	较差	较好
信息利用价值	一般	高

续表

对比分析	一般共享数据库	BIM 平台
数据分析处理能力	弱	强
构建和应用价值	一般	高
构建复杂程度	相对简单	较为复杂
应用现状及前景	应用较少	行业发展重要方向
整体对比	一般共享数据库仅具有信息存储和传递功能，基于文字和二维图像的信息存储和传递方式使得信息利用价值不高，且不具备数据分析模拟功能。整体应用价值有限，推广应用程度不高	包含一般共享数据库的全部功能，且基于三维模型的信息存储和传递方式使得信息利用价值较高。且具有较强信息分析处理能力。整体应用价值较高，是行业发展的重要方向

2.2　水利水电项目特点与 BIM 平台应用价值分析

2.2.1　水利水电工程建设管理特点

水利水电工程一般是为了某一兴利除弊目标而建设，为涉水活动的工作成果。水利水电工程属于基本建设工程领域，并以建设项目的形式开展生命周期内各个环节的工作。作为基本建设项目的一个类别，水利水电工程项目除具备一般基础建设项目的一些共性特征外，还有独特的特点。相对房屋建筑等一般建设项目，水利水电项目建设周期更长，建设规模更大，参与主体更多，建设环境和建设条件更为复杂，建设过程中面临的不确定性更大。具体分析如下。

（1）工程建设条件更为复杂，面临的不确定性更大。相较于一般建设项目，水利水电项目建设最大的特点是工程建设环境和建设条件复杂，工程建设边界条件不确定性更大，特别是工程建设地质条件的不确定性尤为突出。通常情况下，水利水电工程往往位于野外，受工程选址所限，工程常常在不利的环境和条件中建设，工程建设受自然地质条件影响更大，且在工程建设之前对工程所在位置地质情况往往较难准确把握。虽然工程设计之前业主方会组织对工程所在位置的地质条件进行勘探，但受地质条件复杂性及勘测技术和勘测密度、勘测成本等的影响，水利水电工程地质条件方面的数据很难做到十分详尽、精确，具有"现场数据"不确定性大的特点。这些原因往往导致水利水电工程开工建设之前对项目本身信息掌握较少，从而致使设计完整性不足，工程在施工过程中仍存在较大调整空间。

同时，水利水电工程建设规模大、建设周期长、参与主体多，且容易受气象、水文、地理、人文等因素以及项目参与主体行为的影响。因此，水利水电工程项目建设影响因素更多，工程项目的不确定性问题更加突出。水利水电工程项目承发包条件下，其不确定性引发缘由和分类如图 2-4 所示。

总的来看水利水电工程不确定性可以分为环境不确定性和人为不确定性，关于两者的

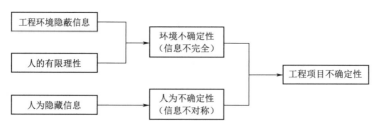

图 2-4 水利水电工程项目不确定的缘由及分类

分析如下所示：

1) 环境不确定性。水利水电工程项目建设总是存在于一定的环境之中，这包括工程所在地的自然环境和经济社会环境两方面。自然环境的不确定性，主要包括气象、水文、地质条件等工程所在地建设环境的不确定；经济环境包括项目融资、建筑材料价格、政府政策调整等。与此同时，由于人对自然和经济社会环境认识的局限性，对原本的风险因素没有及时认识，也就存在了人的有限理性导致的不确定性。

2) 人为不确定性。市场经济下，水利水电工程建设往往采取承发包模式进行建设，即存在明显的委托-代理关系。委托-代理关系下，工程项目交易过程中，项目代理人为获得更多利益而存在刻意隐藏项目交易过程信息的动机，即形成信息不对称，从而导致项目委托方难以对项目活动做出客观的判断和理性的决策。

(2) 工程规模更大，建设周期更长。工程项目规模一般可用工程投资规模、工程结构尺寸等指标去衡量。水利水电工程建设规模一般都较为庞大，例如我国的三峡工程以及南水北调工程等，工程投资达到千亿级别，规模较小的水电站项目投资也会达到数亿甚至数十亿，数以百亿的水利水电工程比比皆是；与此同时，由于水利水电工程投资规模较大，工程建设周期也会较长，工程建设一般要历时数年甚至数十年才能完成。正因为如此，对水利水电工程建设及管理相关参与方的能力要求也较高。与此同时，工程在数年的建设期间会有众多因素对其造成影响。

(3) 工程复杂程度更高。大型水利水电工程往往是具有多种功能和效益的综合体，通常兼具防洪、灌溉、引水、发电以及航运等多种功能。工程项目本身涉及结构、建筑、机电、通信、环境、生态、安全等诸多专业。诸多功能及专业的结合使得水利水电工程项目建设成为了一个复杂的系统工程。因此，相较于一般的房屋建筑或市政道路、桥梁项目，水利水电工程项目建设复杂程度较一般建设项目要更高。

(4) 工程项目单一性更明显。水利水电工程建设受自然环境影响较大，每一项水利水电工程建设都需要根据其开发目的和建设条件进行单独的设计，每一项水利水电工程建设都可谓是定制化的单独创造过程。受自然条件限制，世界上几乎不可能找到完全相同的两个水利水电工程。两个水利水电工程可能会有类似规模、外形或结构形式，但由于它们所处地理位置和自然条件不可能完全相同，其工程结构不可能完全一样。因而，受地理位置和自然环境的影响，水利水电工程项目的单一性较其他工程更为明显。工程项目的单一性也使得水利水电工程项目建设过程面临更大的不确定性和挑战。

(5) 参与主体更多，协调管理难度更大。水利水电工程大多具有公益性，其投资主体往往以政府为主，需要除水利主管部门之外的发改委、财政、环保、交通、电力、征地移民等相关部门的参与和支持。此外，由于水利水电工程往往兼具多种功能，涉及专业众多，建设规模非常庞大，在市场化运作模式下，这就决定了水利水电工程项目建设参建单位往往会更多，项目的设计、施工和监理单位往往有数家、数十家甚至上百家。参与主体越多，项目建设过程中的协调管理难度和挑战就会越大。因此，相较于其他基建项目，水利水电工程建设过程中参与主体更多，协调管理工作量更大、难度更高。

（6）工程建设过程中仍然存在较大优化空间。通常情况下，水利水电工程设计的基础和重要依据是工程所在位置前期的勘探数据/信息。一方面，由于水利水电工程地质情况比较复杂，受工程勘测技术、勘测成本和工程建设进度的限制，工程前期勘测数据不可能做到十分详尽。工程设计阶段地质勘探信息及假定的边界条件与工程实际建设过程中的情况往往会存在一定差异。另一方面，在较为粗略的地质勘探数据/信息基础上，设计人员在制定工程设计方案时往往会采取相对较为保守的设计方法，设计过程中通常留有较大设计富余系数。因此，这些因素就导致了水利水电工程在施工建设过程中仍然存在一定的优化空间。加之水利水电工程建设规模非常庞大，工程建设过程中随着工程边界条件逐渐清晰，很有必要基于工程实际情况对工程原定设计方案进行进一步的优化，从而提升工程的可建造性、降低工程建设成本或缩短工程项目建设周期，以提升工程项目建设的效益。

（7）建设过程中信息流失严重，信息利用效率低。一方面，通常情况下水利水电工程建设设计、施工和运行阶段割裂，传统二维图纸设计模式下，很多信息难以完整保存和传递。在工程项目各个阶段之间，后续阶段很难完全继承前一阶段的信息，信息断层现象时有发生。如项目实施过程中，施工承包商有时很难直观地理解设计单位的设计信息，仅能凭经验和空间想象力去理解设计文件。不同阶段之间前后信息存在一定的差别，容易造成信息流失。与此同时，传统建设管理模式下，工程建设过程中，不同部门以及不同参与主体之间的信息也难以共享，"信息孤岛"问题较为突出，从而导致信息的流失。因此，传统模式下，水利水电工程建设过程中信息流失严重。水利水电工程信息流失示意图如图2-5所示。

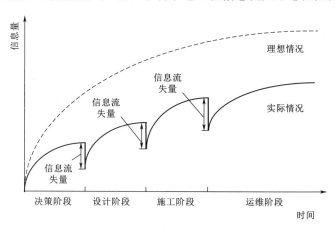

图2-5 水利水电工程信息流失示意图

此外，在传统水利水电工程项目建设信息管理工作中，主要以书面纸质文函来传递和交换信息。这种方式虽然便于责任划分，管理程序规范、便于信息的存档，但是增加了信息传递壁垒、延长了信息传递路径和时间，使得信息可表达方式受限、信息交换效率较低、信息传递时效性较差、信息难以直观呈现，信息传递的完整性和可理解性较差。信息具有时效性，随着时间的推移，信息的效用价值也会不断降低。信息的可理解性也同样决定信息的利用价值。再者，传统管理模式下，信息分布分散，参与方之间的信息传递和共享困难，"信息断层"和"信息孤岛"问题严重，这也影响了信息的利用效率。因此，在传统水利水电工程建设模式下信息利用效率较低。

综上所述，水利水电项目建设与一般房屋建筑项目存在较大差异，两者对比分析如表2-4 所示。

表 2-4　　　　　　　水利水电项目与一般房屋建筑项目特点对比

对　比　项	一般房屋建筑项目	水利水电项目	对　比　项	一般房屋建筑项目	水利水电项目
建设条件不确定性	较低	较高	工程项目单一性	不太显著	非常强
建设规模	较小	较大	参与主体	较少	较多
建设周期	较短	较长	建设过程中存在的优化空间	较小	较大
复杂程度	较低	较高	BIM 核心建模软件	Autodesk	Bentley
建设环境	较简单	较复杂			

2.2.2　水利水电项目 BIM 平台应用价值

如上分析所述，水利水电工程项目建设具有建设规模较大、建设周期长、建设条件和建设环境复杂、建设过程面临的不确定性大等特点，BIM 技术应用存在巨大空间。基于BIM 可构建水利水电项目建设信息共享和协同应用的平台。水利水电项目 BIM 平台的构建和有效应用能够为水利水电项目建设信息共享及信息的高效利用提供支撑，从而能够有效解决工程建设过程中"信息孤岛"和"信息断层"的问题。针对水利水电项目不确定性大的特点，在信息充分共享的条件下，基于 BIM 平台及平台内项目实际信息在水利水电项目建设过程中可以对项目进行进一步的快速优化，从而提高工程建设的整体效益。根据水利水电工程建设管理特点及 BIM 技术应用价值来看，水利水电项目 BIM 平台的建设和应用，除了能够实现 BIM 技术应用三维建模、施工模拟、碰撞检查等点状应用价值以外，其更能够实现 BIM 技术在水利水电工程建设和管理中应用更深层次的协同应用价值，主要体现在以下几个方面。

（1）促进参建各方信息共享与协作。信息共享是 BIM 平台应用的核心理念之一，通过水利水电项目 BIM 平台的构建，可以对水利水电工程建设全过程的信息进行承载，并能够为信息的共享提供有力支撑。水利水电工程项目建设过程中，参建各方可以实时向BIM 平台提供项目相关信息。与此同时，参建各方也可以实时从 BIM 平台获取相应信息，从而能够实现参建各方之间的信息共享。与传统书面文函/图纸形式信息传递方式相比，水利水电项目 BIM 平台的构建一方面提升了信息传递的效率，可提升信息的利用价值；另一方面，与传统二维图纸和纸质文件信息传递以及一般共享数据库/信息管理系统相比，基于三维模型的 BIM 平台的应用还能够拓宽项目信息的可表达空间，能够对信息进行直观、动态展示，从而提升传递信息的价值。并且，在信息共享的基础上可以实现工程参建各方的协作。因此，水利水电项目 BIM 平台的构建能够促进参建各方信息共享和协作，提升信息的利用价值和管理效率。

（2）便于工程在建设过程中的进一步优化，提升水利水电工程项目建设的整体效益。水利水电工程项目复杂性、临时性、分散性的本质要求项目参与主体之间能够协调协作、共享信息，以确保建设项目的成功。缺乏有效的协作往往会致使项目失败。传统信息交互和管理模式下，信息的传递和沟通效率较低，信息流失严重，致使水利水电工程建设质量和效率难以得到保证，水利水电工程建设成本超支、工期延误和建设质量问题时常发生。而水利水电项目 BIM 平台的构建，一方面能够拓宽项目信息可表达的空间，能够提升信息传递的效率和价值，促进参建各方之间的信息共享和协作；另一方面，水利水电工程建设环境和建设条件不确定性大的特点，使得工程在建设过程中仍然存在较大优化空间。BIM 平台的构建使得水利水电项目在建设过程中的进一步优化成为了可能。随着工程项目建设的不断开展，项目边界条件逐渐清晰，基于水利水电项目 BIM 平台，在信息及时、充分共享的条件下，可在 BIM 平台内对项目进行进一步的快速优化。从而能够改善工程可建造性、降低工程造价、缩短工程建设周期等，提升水利水电工程建设质量和效率，实现工程项目建设效益的最大化。

（3）为工程建成后运行维护提供支撑。水利水电工程建设完成后往往伴随较长的运行期，且工程运行维护过程也较为复杂。水利水电工程建设过程中的相关信息对工程建成后的运行管理也至关重要，是工程运行和维护的基础。水利水电项目 BIM 平台的构建，一方面可对工程建设期全部的信息进行承载，这些信息将会为工程建成后的运行维护提供重要支撑。且相对于传统信息管理模式，数字化的 BIM 信息更利于检索和查询。另一方面，基于 BIM 平台可以进一步构建水利水电工程智能运维系统，实现工程运维的信息化和智能化，从而提升水利水电工程建设完成后运维管理阶段的效率。因此，水利水电项目 BIM 平台的构建不仅可以为工程项目建设过程提供有力支撑，同样也可以为工程建成后的运行维护提供重要支持。

综上，水利水电项目 BIM 平台建设意义如图 2-6 所示。

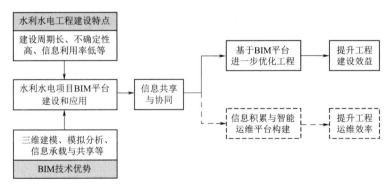

图 2-6　水利水电项目 BIM 平台建设意义

对于本研究而言，本书主要研究水利水电项目 BIM 平台在项目建设阶段的应用，暂不考虑水利水电项目建设完成后工程智能运维平台构建和管理的问题。因此，本书主要考虑水利水电项目 BIM 平台在工程建设阶段的应用价值，主要包括信息共享及基于 BIM 平台共享信息的有效利用提升工程建设整体效益等。

2.3　水利水电项目 BIM 平台总体架构及其运行机制

2.3.1　水利水电项目 BIM 平台总体架构

BIM 技术在水利水电工程建设领域应用最大价值的实现需要项目发包人/业主基于 BIM 构建水利水电工程建设项目级 BIM 协同应用平台。关于 BIM 平台的构建架构，张洋（2009）[130] 指出 BIM 的集成应用框架应包含数据层、模型层、网络层以及应用层；赵继伟（2016）[2] 指出水利水电工程信息模型应用的基本架构应包含信息的存储、访问和应用等层次；钟炜（2018）[131] 指出基于云计算的 BIM 信息协同共享平台应包含基础设施层、数据资源层、业务信息层、服务层、显示层、用户层、安全层及管理层等 8 个层次。

结合工程实践和调研，借鉴已有研究成果，依据水利水电工程建设管理特点及 BIM 平台构建目的，水利水电工程项目 BIM 平台可从数据层、模型层、网络层和应用层 4 个方面来构建，构建的总体架构如图 2-7 所示。

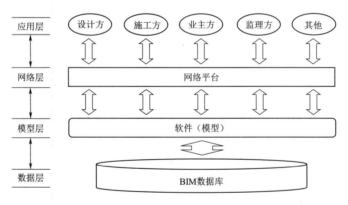

图 2-7　水利水电项目 BIM 平台架构

（1）数据层。信息/数据是 BIM 平台应用的基础，也是 BIM 平台应用的核心价值所在。工程建设过程中需要对数据和信息进行归类和存储，数据的存储需借助数据库来实现，因此需要以项目为单位构建水利水电项目 BIM 信息数据库。水利水电工程数据量庞大，BIM 数据的存储对数据库的性能要求也较高。通常情况下，数据库可选用 Oracle、SQL Sever、Sybase 等大型数据库。

（2）模型层。模型层由项目相关的各个子模型组成，并包含相应模型构建和处理的软件，从而能够实现信息的存储、提取、处理等。并能够通过面向不同阶段的信息子模型及针对应用主体的子模型的构建实现不同功能的应用需求。同时，模型层还需具备基本的操作功能，包含相应的基本操作模块，从而能够实现对系统的维护和管理。

（3）网络层。网络技术的飞速发展为信息的异地共享提供了有力的支撑。因此，网络层主要是以网络技术和通信协议为依托，实现局域和广域网数据的交换和访问，从而为水利水电项目建设参建各方终端的分布式协同工作提供技术途径。网络层是实现信息在异地共享的关键。

（4）应用层。应用层主要是参建各方基于 BIM 平台实施的一系列应用，例如规划、设计、施工、分析、结构优化等方面的应用。应用离不开软件系统的支持，因此，应用层也包含应用所需的各种软件系统。

水利水电项目 BIM 平台的构建是一个系统工程，需要上述四个层次的协同应用，缺一不可。其中，数据的获取、整理、归类和存储是基础和关键，网络是数据共享实现的支撑，信息的高效利用是最终目的。此外，更重要的是 BIM 平台的有效应用也离不开平台的管理和相应的制度措施。

2.3.2　水利水电项目 BIM 平台运行机制

机制（mechanism）一词源于希腊语，本意指机器的构造和工作原理。现如今，随着系统科学的不断发展，机制一词被演化引申到各个学科和领域，并产生了不同的概念，如社会机制、管理机制以及运行机制等。其中，在社会学中机制的内涵可表现为"在正视事物存在的各个部分的前提下，通过协调事物各个部分之间的关系从而实现更好地发挥作用的具体运行方式"。因此，对于水利水电项目 BIM 平台的运行机制可以理解为能够更好地发挥出 BIM 平台作用的具体运行方式。

通常情况下，水利水电工程建设主要可以分为决策阶段、设计阶段、施工建设阶段以及建设完成后的运行维护阶段。水利水电项目 BIM 平台自项目决策阶段规划是否构建，到项目拆除结束，主要经历设计阶段、施工建设阶段以及运行维护阶段的运用。其中，项目运行阶段主要是项目运行单位来负责利用和维护 BIM 平台的工作，参与主体较少且工作相对简单。因此，在此着重分析项目设计阶段以及施工阶段水利水电项目 BIM 平台的运行机制。传统建设模式下，水利水电工程建设设计与施工分离，且设计阶段和施工阶段 BIM 平台主要功能以及参与主体不同，在此分别分析设计阶段和施工阶段水利水电项目 BIM 平台的运行机制。

（1）设计阶段 BIM 平台运行机制。水利水电工程建设设计阶段的主要任务是设计单位根据项目发包人/业主方需求来完成项目的设计任务。在此过程中，主要是设计方与业主方就工程项目整体目标和设计方案进行沟通和交流，并最终确定项目的设计方案。在项目的设计阶段，水利水电项目 BIM 平台的作用主要是起到联系设计方和业主方沟通并直观展示设计方案的作用，当最终设计方案确定之后由设计方负责将最终设计方案上传至项目专用的 BIM 平台。由于水利水电项目设计又分为初步设计和详细设计两个阶段，每个设计阶段任务完成后相应的设计方案信息均需要上传至 BIM 平台。水利水电项目建设规模较大，且涉及专业较多。因此，有时项目的设计单位可能不止一家。当存在多家项目设计单位时，还存在设计模型匹配等方面问题，此时 BIM 平台还能够起到担任协同设计平台的作用。

总的来看，水利水电工程设计阶段，BIM平台的作用相对较为简单，也较容易实现。传统建设模式下，设计阶段水利水电项目BIM平台运行机制如图2-8所示。

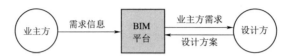

图2-8　设计阶段水利水电项目
BIM平台运行机制

（2）施工阶段BIM平台运行机制。水利水电工程建设施工阶段主要任务是施工承包人根据设计方所提出的设计方案来实施工程的建设，是水利水电工程实体形成的过程。水利水电工程建设的主要依据是设计阶段设计单位的设计方案。工程开工建设时，工程设计方案基本完成。但是设计方案不是一成不变的，由于水利水电项目建设条件和建设环境不确定性较大，工程实际建设条件往往与前期勘测情况存在一定出入。水利水电项目建设施工过程中往往会存在大量的变更，且存在较大的优化空间。因此，施工承包人还承担着反馈建设条件和施工信息的任务。设计单位负责实际建设条件与工程设计勘测条件的对比分析工作，一旦发现两者之间存在变化，设计方需调整设计方案。并且基于工程现场实际信息，设计方可在BIM平台对项目进行进一步的快速优化，从而提升水利水电工程建设的整体效益。

除此之外，水利水电项目施工过程中还有监理方、咨询方等主体的存在，这些参与主体根据项目需要可以实时向BIM平台提供信息，同时也可以从BIM平台获取信息。总之，通过各参与主体及时向BIM平台反馈信息，并对BIM平台内信息加以利用从而提升水利水电工程建设的整体效益。其中最为典型的是施工承包人基于BIM平台可以及时反馈施工现场信息，设计方基于施工承包人提供的项目实际信息在BIM平台内可以对项目的快速优化，从而提升水利水电工程建设的质量和效率。在此以业主方、设计方和施工方三方为例，来分析施工阶段水利水电项目BIM平台的运行机制，具体运行机制如图2-9所示。

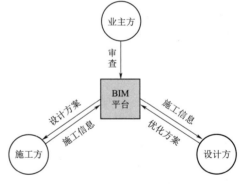

图2-9　施工阶段水利水电项目
BIM平台运行机制

另外，需要说明的是，水利水电项目BIM平台的有效运转离不开相应有效管理机制的支撑，如水利水电项目BIM平台信息/数据获取保障机制、BIM平台及平台内信息有效利用的收益共享机制等。

2.4　水利水电项目BIM平台应用面临的问题分析

水利水电项目BIM平台的构建和有效应用能够实现参建各方信息的共享与高效利用，

从而能够提升水利水电工程建设的质量和效率。然而，水利水电项目 BIM 平台的构建和有效应用需要包括技术、管理、数据在内的多要素的支持。本书主要研究 BIM 技术在水利水电项目中综合应用的面临的管理问题。从管理角度，水利水电项目 BIM 平台采用何种模式构建、维护和管理，水利水电项目 BIM 平台信息/数据如何获取，以及如何实现 BIM 平台及平台内信息的高效利用，从而最大限度地提升水利水电工程建设的整体效益，关系着水利水电项目 BIM 平台建设和应用的效果。因此，从管理视角来看，水利水电项目 BIM 平台构建和应用面临的问题主要包括 BIM 平台构建模式、信息/数据获取与利用等方面。

2.4.1　水利水电项目 BIM 平台构建模式问题

BIM 平台的构建和管理相对于一般的共享数据库更为复杂，需要由专门的机构或部门来负责构建和维护。对水利水电项目 BIM 平台构建而言，首先牵扯到 BIM 平台如何构建的问题，即 BIM 平台采用何种模式构建，由谁负责构建、管理和维护，对 BIM 的应用至关重要。BIM 效益最大化的实现，需要发包人/业主协调参建各方实现 BIM 的全过程多方协同应用，水利水电项目 BIM 平台理应由业主方来主导构建。然而，现阶段水利水电项目业主方 BIM 技术应用能力有限，应用经验较为缺乏，很难单独承担 BIM 平台构建和管理任务。再者，不同的水利水电工程有其不同的特点，市场经济下，并非所有的水利水电项目采用业主单独构建 BIM 平台的模式都能够取得很好的效益。因此，如何根据具体的水利水电项目特点，设计其最为适用的 BIM 平台构建模式，是水利水电项目 BIM 平台构建首先应解决的问题，关系到 BIM 平台建设和应用的整体效益。针对该问题，本书将在第 3 章做详细深入的研究。

2.4.2　水利水电项目 BIM 平台应用面临的主要问题

水利水电项目 BIM 平台构建的目的是实现 BIM 技术在水利水电工程建设过程中的全过程多方协同应用，从而提升水利水电工程建设的整体效益。整个过程中，信息是水利水电项目 BIM 平台应用的基础和关键。水利水电项目 BIM 平台的构建虽然能够拓宽工程项目信息可表达空间、提升信息传递的效率和价值，能够为参建各方信息的共享创造条件。但是水利水电工程项目建设委托-代理机制下，项目参建各方虽然具有信息优势，然而其往往不愿意向 BIM 平台提供关键信息，使得 BIM 平台应用价值难以充分发挥。与此同时，如何结合水利水电工程项目建设特点，通过充分利用 BIM 平台及平台内的信息来提升工程建设的整体效益，也是水利水电项目 BIM 平台应用面临的关键问题。

（1）水利水电项目 BIM 平台应用协同演化问题。BIM 技术能够为水利水电项目建设与管理提供重要支撑，基于 BIM 平台协同应用能够实现水利水电项目价值的提升，实现多方参与的项目价值共创。然而，水利水电项目 BIM 平台协同应用的关键在于各利益相关方之间的合作和互动。同样，水利水电项目 BIM 平台的应用对参建主体策略选择也会产生影响，即合作系统以及合作主体行为会随着 BIM 平台的协同应用发生演化。BIM 平台协同应用激励机制构建之前需理清 BIM 平台的应用对整个合作系统以及系统合作主体策略选择的影响。因此，如何系统分析水利水电项目 BIM 平台的应用对参建主体策略的影响是 BIM 平台管理机制构建前需要系统分析的问题。本书拟基于演化博弈理论和前景理论，通过演化模型构建和模拟仿真，分析水利水电项目 BIM 平台协同应用过程中参与主体行为演化规律以及影响系统演化的关键要素，从而为后续 BIM 平台协同应用管理机制的设计提供支撑。针对该问题，本书将在第 4 章做详细深入研究。

（2）BIM 平台数据/信息获取的问题。专业化分工日趋明细的今天，水利水电工程建设参建方众多。在委托-代理机制下，不同参与主体均有特有的信息优势。只有将不同参与主体之间的信息进行共享，并为其他参建方及工程建设所用，信息真正的作用和价值才能得以充分发挥，水利水电工程项目建设才能实现整体的最优。随着 BIM 技术的产生和不断发展，现如今基于 BIM 可构建水利水电项目建设信息共享及协同应用的平台，能够对水利水电工程建设及管理信息进行承载，且基于网络技术能够实现工程项目参建各方之间信息的共享。水利水电项目 BIM 平台的构建为项目信息的存储提供了支撑，为参建各方信息的共享和高效利用创造了条件。然而，BIM 平台只是能够促进参建各方信息共享的平台，是参建各方信息交流、共享和存储的工具，项目实施过程中参建各方的信息才是 BIM 平台应用的基础和关键。

水利水电项目 BIM 平台的有效应用需要参建各方积极提供项目信息。然而，委托-代理机制下，传统观念认为共享关键信息与企业自身利益最大化存在矛盾。水利水电工程建设过程中参建各方往往不愿意向 BIM 平台提供所掌握的关键信息，从而使得水利水电项目 BIM 平台价值难以得到充分发挥。因此，水利水电项目 BIM 平台运行阶段信息/数据支撑/获取将是水利水电项目 BIM 平台应用面临的一个关键问题。针对该问题，本书将在第 5 章做详细深入研究。

（3）BIM 平台及平台内信息高效利用问题。水利水电项目 BIM 平台构建的目的是通过 BIM 平台及平台内信息的高效利用来提升工程建设的整体效益。然而如何才能结合水利水电项目特点实现水利水电项目 BIM 平台及平台内信息的高效利用？相较于一般建设项目，水利水电工程项目建设条件和建设环境更为复杂，具有"现场数据"不确定性大的特点，项目建设过程中存在较大优化空间。BIM 平台的构建使得水利水电项目建设施工过程中的进一步快速优化成为了可能。工程建设过程中，基于 BIM 平台，在信息充分共享的条件下，可对项目进行进一步的快速优化，从而提升水利水电工程可建造性、降低工程造价、缩短工程建设周期等。这是水利水电项目 BIM 平台应用价值实现的重要途径。然而，工程建设参建各方均是独立法人，以追求自身利益最大化为目的，BIM 平台应用收益的共享直接关系到 BIM 平台及平台内信息能否得以充分利用。要使水利水电项目 BIM 平台及平台内信息能够得以有效利用，必须平衡各方之间的利益关系，即建立相应的水利水电项目 BIM 平台应用收益共享机制。通过收益共享机制的构建促进 BIM 平台及平台内信息的高效利用。针对该问题，本书将在第 6 章做进一步的研究。

上述以上四方面的问题，第一个属于水利水电项目 BIM 平台构建组织模式的问题，第二个属于 BIM 平台对整个系统影响的问题，后两个属于 BIM 平台应用管理机制的问题，四者之间存在着密切的关系，四者之间关系的描述如图 2-10 所示。

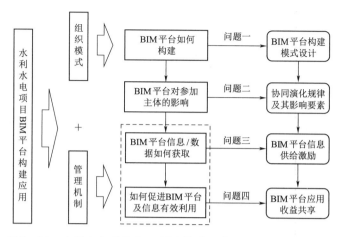

图 2-10 水利水电项目 BIM 平台构建和应用面临关键管理问题

2.5 本 章 小 结

BIM 技术的应用是实现工程项目建设现代化、信息化、数字化、智慧化的重要举措，也是建设领域创新发展的重要支撑。水利水电工程建设具有建设规模大、建设周期长、建设条件和建设环境复杂、建设过程面临不确定性大等特点，BIM 技术应用存在巨大空间。基于 BIM 可以构建水利水电项目建设信息共享及协同应用的平台。通过 BIM 平台的构建和有效应用能够实现水利水电工程建设信息的共享和高效利用，从而能够提升工程建设的整体效益。但是，水利水电项目 BIM 平台的构建和有效应用，其构建模式、信息/数据获取以及应用收益共享的问题需要有针对性的解决。本章主要结合 BIM 及水利水电项目建设管理特点，分析了水利水电项目 BIM 平台的构建及其构建和应用的价值。与此同时，分析了水利水电项目 BIM 平台构建的总体架构、水利水电项目 BIM 平台运行机制，以及水利水电项目 BIM 平台建设和应用面临的主要管理问题。

第3章 水利水电项目 BIM 平台构建模式

BIM 技术的产生和发展为水利水电工程高质建设和高效管理提供了重要支撑，基于 BIM 技术可以构建水利水电工程项目建设信息共享及协同优化的多方协同应用平台。然而，水利水电工程具有独特性和唯一性，不同的工程项目有其不同的特点，不同的水利水电工程也应有其最为适用的 BIM 平台构建模式。对于一具体水利水电工程项目，BIM 平台如何构建和管理关系到 BIM 技术的应用成效。因此，本章主要研究如何依据具体水利水电工程项目的特点，设计其最优的 BIM 平台构建模式，主要内容包括水利水电项目 BIM 平台构建模式分析以及水利水电项目 BIM 平台构建模式决策模型的构建。通过系统分析为业主方 BIM 平台构建模式优化设计提供支撑。

3.1 BIM 平台构建模式

BIM 应用最大价值的实现需要业主方协同工程参建各方实现 BIM 的多方协同应用。为实现这一目的，需要以项目为对象构建起项目级 BIM 协同应用平台。根据水利水电项目 BIM 平台构建架构可以看出，水利水电项目 BIM 平台的构建包含数据层、模型层、网络层和应用层四个层次，且四个层次功能的实现均需要相应软件和硬件系统的支撑。因此，可以看出水利水电项目 BIM 平台的构建是一个较为复杂系统工程，且平台的有效应用离不开与之相匹配的管理措施，平台构建完成后运用过程中需要对其进行相应的维护和管理。因而，水利水电项目 BIM 平台的构建和管理需要有具体的主体负责，这也就牵扯到 BIM 平台构建模式设计的问题。

作为工程的发起者和主要管理者，业主方是 BIM 平台应用受益的最大主体，水利水电项目 BIM 平台理应由业主方来构建。但是，一方面现阶段业主方 BIM 应用和管理经验较为缺乏，应用能力相对较弱，业主方很难单独完成 BIM 平台的构建和管理；另一方面，市场机制下，完全由业主方负责 BIM 平台的构建和管理并不见得一定是经济最优的。相对而言，大型设计企业和咨询企业 BIM 技术应用较为成熟，具备较为丰富的 BIM 平台构建和管理的能力。因此，业主方可以采用委托的方式委托 BIM 技术较为成熟的企业来负责 BIM 平台的构建和管理工作，也可以聘请咨询方辅助自己来构建和管理 BIM 平台。因此，本书 BIM 平台构建模式（construction method）指项目发包人/业主采用何种方式来构建和管理水利水电项目 BIM 平台。

3.2 水利水电项目 BIM 平台构建可行模式分析

与 BIM 平台构建模式类似的是 BIM 应用模式。关于 BIM 应用模式，袁斯煌

(2016)[132]指出目前国内 BIM 应用模式可归纳为 3 类：业主驱动模式、设计方驱动模式和承建商驱动模式。李明龙（2014）[133]基于业主方视角，归纳出了 3 类 BIM 实施模式，包括业主自主模式、设计主导模式以及咨询辅助模式。赵彬和袁斯煌（2015）[134]指出咨询辅助型和业主自主型模式是当下业主驱动 BIM 应用主要方式。孙峻等（2015）[135]指出业主驱动的 BIM 组织实施模式可归纳为业主自主模式、设计主导模式以及咨询辅助模式 3 类。吕坤灿等（2017）[136]通过对 164 个 BIM 项目案例进行分析，指出目前国内 BIM 实施模式主要有 4 类，包括：业主主导模式、设计主导模式、施工主导模式以及咨询主导模式。BIM 应用模式或 BIM 实施模式可以为 BIM 平台构建模式选择提供借鉴。

作者所在研究团队曾先后赴华东勘测设计研究院、上海勘测设计研究院、安徽省水利水电勘测设计研究院、长江水利委员会长江勘测规划设计研究院、广东省水利水电勘测设计研究院、引江济淮工程、珠江三角洲水资源配置工程实际调研；电话咨询中水北方勘测设计研究、河南水利水电勘测设计研究院等相关 BIM 应用人员；并特邀请奔特力（Bentley）大中国区高级工程师一行来校座谈，Bentley 大中国区高级软件应用工程师详细介绍了 Bentley BIM 协同方案在国内实际水利水电工程中应用的情况和应用存在的问题。在上述实际调研和访谈的基础上，结合业主方 BIM 应用模式分析，本书归纳出 4 种水利水电项目 BIM 平台构建模式：业主方自建模式、设计主导模式、委托第三方模式和咨询辅助模式。

3.2.1 业主方自建模式

业主方自建模式，即业主方通过组建相关技术和管理人员独自负责 BIM 平台的构建和管理工作，并在实施过程中监督指导参建各方对 BIM 平台的应用。毫无疑问，BIM 平台的有效应用，可以提高工程建设的效率，降低工程建设的成本，同样也能提高项目建成后的运营管理效率。业主方作为项目建设的发起者和管理者，也是 BIM 平台应用最大的受益者。因此，BIM 平台的构建和协同应用需由业主方来负责。同时业主也是参建各方有效的协调者，只有由业主方来负责并协调参建各方对 BIM 平台进行协同应用，BIM 平台才能够发挥最大的效益。因此，当业主方具备

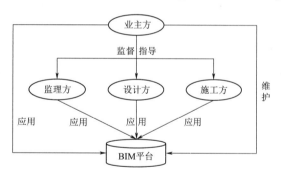

图 3-1 业主方自建模式

BIM 平台构建和管理能力时可由其负责水利水电项目 BIM 平台的构建和管理工作。业主方自建模式如图 3-1 所示。

在业主方自建模式下，业主方负责 BIM 平台的构建和维护管理，一方面能够详细有效掌握相应的技术和信息，能够为项目建成后的运行管理奠定良好的技术基础。与此同时，能够培养一批良好、有经验的 BIM 应用技术及管理人员，这些人员在项目建成后可以直接转入运营管理的工作，不仅可以节省大量的运营管理人员培训的时间和成本，同时能够更好地发挥 BIM 平台优势，有利于项目运营期的高效运转及项目效益的最大化。另

一方面，在业主方自建模式下，业主方能够更清晰全面地掌握其余参建各方 BIM 平台的应用情况，可以对参建各方 BIM 平台应用情况实施更好的监督和管理，有利于 BIM 平台的协同应用及其应用价值的充分发挥。

业主方自建模式有很多的优点，但也应看到，一方面，当下我国水利水电工程建设领域业主方 BIM 技术应用经验和能力有限，相关技术和管理人员较为欠缺。因此，完全由业主方来负责 BIM 平台的构建和管理工作，实施难度较大。另一方面，完全由业主方构建并负责 BIM 平台的管理，项目前期团队组建和相关软硬件设施购置成本也较高，对业主方的经济、技术实力具有较高的要求。同时，完全由业主方构建和管理 BIM 平台，管理工作量以及难度均较大，对业主方协调管理能力也有较高的要求。

3.2.2　设计方主导模式

设计方主导模式，即项目发包人/业主方与项目设计单位签订合同，全权委托设计单位负责 BIM 平台的构建和管理工作，并指导其他参建各方 BIM 平台的应用。项目的设计单位是水利水电工程项目重要的参建单位之一，负责项目的设计工作。且现阶段，大型水利水电设计企业 BIM 应用较为成熟，具备相应的 BIM 技术应用和管理能力。因此，业主方可委托项目设计单位，以项目为单位负责水利水电项目 BIM 平台的构建和管理，并协助业主方对其余参建各方 BIM 平台的应用进行监督和管理，指导其余参建各方对 BIM 平台的应用。项目建成后，设计方将 BIM 平台移交给业主方。该种模式下，业主方首先应确定 BIM 平台构建和应用要求，以及对 BIM 平台最终移交的要求，并通过合同的方式进行约定，由设计单位负责 BIM 平台的构建和维护管理工作，并协助业主方的管理，指导其余参建各方对 BIM 平台的应用，最终保证 BIM 平台能够按照合同约定交付。设计方主导模式如图 3-2 所示。

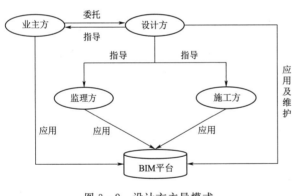

图 3-2　设计方主导模式

在这种模式下，一方面大型水利水电工程设计企业 BIM 技术应用和管理能力较强，有能力负责 BIM 平台的构建和管理，可以很好地解决业主方自建时 BIM 技术应用经验和能力有限的问题；另一方面，项目设计方原本就是拟建工程项目的重要参建方之一，对拟建工程十分了解，由设计方负责 BIM 平台的构建和管理效果会更好。此外，该模式下，业主方合同关系相对简单，合同管理较容易，组织协调工作量也较小。

但是该种模式也存在一些不足之处，缺点是对设计单位 BIM 技术要求较高，供业主方择优选择的设计单位的范围较小。现阶段大型水利水电工程设计企业业务量非常大，技术和管理人员较为欠缺，委托设计方负责 BIM 平台的构建和管理可能会增加设计方工作量，从而有可能导致其工作质量和效率下降。同时，由于缺乏足够的竞争，委托设计方构建和管理 BIM 平台的费用可能较高。此外，在项目实际实施过程中，业主方对 BIM 平台的管控能力较弱。而且该种模式不利于业主方 BIM 技术应用和管理经验的积累，项目建成后运营管理阶段 BIM 平台的应用，需另外培养运营阶段 BIM 应用人才。

3.2.3　委托第三方模式

委托第三方模式，即业主方专门委托除项目设计方以外的第三方机构负责 BIM 平台的构建和管理任务，并协助指导参建各方 BIM 平台的应用。当下，BIM 技术在水利水电工程建设领域运用还处于初级阶段，业主方 BIM 技术应用经验和能力有限，大型水利水电工程设计企业虽然具备 BIM 技术应用的能力，但委托设计单位来负责 BIM 平台的构建和管理可能会增加设计单位的负担。除设计单位以外，市场上还存在大量的咨询企业，其 BIM 技术应用能力也较为成熟，可以负责 BIM 平台的构建和运营管理工作。因此，业主方可以将 BIM 平台构建和管理工作委托给第三方咨询企业来完成，即采用委托第三方的模式构建项目 BIM 平台。委托第三方模式如图 3-3 所示。

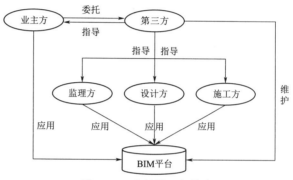

图 3-3　委托第三方模式

委托第三方模式，可以弥补业主方 BIM 应用经验和能力不足的现状，可有效解决 BIM 平台的构建和管理问题。相对于设计方主导模式，该模式下也能够减轻设计院的工作负担。同时，由于可选择的企业较多，可以增加竞争力，使得 BIM 平台构建和管理的成本能够降低，从而能够实现较好的效果。

但是，该种模式下，一方面由于业主方需要与第三方机构另外签订 BIM 平台构建和管理的合同，会增加业主方的合同管理工作量和协调管理工作量；另一方面，由于第三方机构并未参与工程的实际建设，对拟建工程不够熟悉，从而使得 BIM 平台应用效果难以得以保证。此外，与设计方主导模式相同，此种模式在项目实际实施过程中，业主方对 BIM 平台的管控能力较弱。而且该种模式不利于业主方 BIM 技术应用和管理经验的积累，项目建成后运营管理阶段 BIM 平台的应用也需另外培养运营阶段 BIM 应用人才。

3.2.4　咨询辅助模式

咨询辅助模式，指项目实施过程中业主方可聘请 BIM 咨询机构协助其共同构建和管理 BIM 平台的方式。现阶段，BIM 咨询机构 BIM 技术应用和管理能力较强，具有较高的专业技术水准。因此，业主方可以聘请专业的 BIM 咨询机构提供技术支持，来辅助其构建 BIM 平台以及对平台进行管理。这种模式下业主方只需与 BIM 咨询机构签订咨询或技术服务协议，由业主方组织相关人员来构建 BIM 平台，并负责 BIM 平台的维护和管理工作。在此过程中，BIM 咨询机构为业主方提供相应的技术支撑和人员培训，由业主方统一协调、监管和管理其余参建各方 BIM 平台的应用。咨询辅助模式如图 3-4 所示。

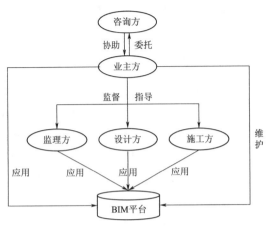

图 3-4　咨询辅助模式

这种模式不仅能够克服业主 BIM 技术应用经验不足、应用能力有限的问题，同时避免了委托第三方模式和设计方主导模式下，业主方控制能力降低的缺点。且业主方能够详细有效掌握相应的技术和信息，可以为项目建成后的运行管理奠定良好的技术基础。与此同时，也能够锻炼培养一批良好、有经验的 BIM 技术应用及管理人员，这些人员在项目建成后可以直接转入运营管理工作，有利于项目运营期的高效运转及项目效益的最大化。同样，在该模式下，业主方能够更清晰全面地掌握其余参建各方 BIM 平台的应用情况，可以对参建各方 BIM 平台应用情况实施更好的监督和管理，有利于 BIM 平台的协同应用。

但这种模式也存在与业主方自建模式同样的问题，完全由业主方构建和对 BIM 平台实施管理，虽有咨询机构辅助，但项目前期团队组建和相关软硬件设施购置成本也较高，对业主方的经济、技术实力具有一定的要求。同时，完全由业主方负责 BIM 平台的构建和管理，管理工作量及管理难度较大，对业主方协调管理能力有一定的要求。

3.2.5　不同模式的特点总结

由上述分析可以看出，不同的 BIM 平台构建模式有其不同的优点，同样也有其不足之处。各种模式的特点如表 3-1 所示。

表 3-1　　　　　　　　　　　　不同构建模式的特点

构建模式	优　　点	缺　　点
业主自建模式	（1）项目建设期结束后，参建人员转而进入后期运营管理； （2）业主方可以积累 BIM 技术和管理经验； （3）不需要运营阶段 BIM 应用的培训； （4）便于协调和沟通参建各方，BIM 综合应用效果好	（1）对业主方 BIM 技术应用和管理能力要求较高，实施难度较大； （2）前期投入较大，需要业主方具有较强经济基础； （3）业主方工作量较大； （4）对业主方协调管理能力要求较高
设计方主导模式	（1）合同关系简单，合同管理容易； （2）实施难度较低； （3）业主方工作量较小； （4）设计方对工程较为了解，实施效果会比较好	（1）业主方能够积累到的 BIM 技术应用和管理经验有限； （2）需要另外培训运营管理人员； （3）对设计方 BIM 技术存在考验； （4）缺乏充分的竞争，费用可能较高

续表

构建模式	优　点	缺　点
委托第三方模式	（1）第三方 BIM 咨询单位一般具有较高专业技术水准，有利于 BIM 技术应用； （2）可减轻设计方工作量； （3）可选择的单位较多，竞争比较充分	（1）业主方能够积累到的 BIM 技术应用和管理经验有限； （2）需要另外培训运营管理人员； （3）合同关系较为复杂，业主方合同管理工作量大
咨询辅助模式	（1）项目建设期结束后，参建人员转而进入后期运营管理； （2）业主方可以积累 BIM 技术和管理经验； （3）便于协调和沟通参建各方，BIM 综合应用效果好	（1）需要业主方具有较雄厚的经济技术实力； （2）业主方工作量较大； （3）对业主管理能力要求较高

3.3　BIM 平台构建模式选择影响因素分析

本书拟在文献分析的基础上，结合作者所在团队实际调研结果来构建水利水电项目 BIM 平台构建模式选择影响因素。首先对现有研究进行梳理，现有文献中水利水电项目 BIM 平台构建模式影响因素研究较少，但 BIM 应用障碍及 BIM 应用效益评价影响因素/指标的研究较多，BIM 应用障碍及 BIM 应用效益评价影响因素与本书水利水电项目 BIM 平台构建模式影响因素直接相关。因此，本书就 BIM 应用障碍及 BIM 应用效益评价影响因素/指标，然后再在分析结果的基础上结合实际调研结果建立水利水电项目 BIM 平台构建模式影响因素。相关 BIM 应用影响因素文献梳理结果如表 3-2 所示。

表 3-2　　　　　　　　　BIM 应用影响因素文献分析结果

序号	影　响　因　素	文　献
1	BIM 应用模式选择影响因素：实施成本、协调难度、应用扩展性、运营支持程度（运营效益）、对业主要求	孙峻等（2013）[135]
2	业主 BIM 实施成熟度评价：业主方软件能力、人员素质、调控能力、后备支持	李明龙（2014）[133]
3	BIM 应用模式选择影响因素：应用成本、应用效果、业主管理难度、项目规模	赵彬和袁斯煌（2015）[134]
4	业主方 BIM 效益评价指标体系：BIM 软件投资、BIM 硬件投资、组织管理费用	饶阳（2016）[137]
5	业主驱动的 BIM 应用效益评价：投资回报率、员工培养、可持续建设等	袁斯煌（2016）[132]
6	BIM 实施需管理支撑、技术支撑、数据支撑及体系支撑	赵继伟（2016）[2]
7	BIM 的有效应用需要业主方的有效管理	何关培（2012）[138]
8	BIM 效益的实现需要付出一定成本，包括直接成本（硬件、软件和安装成本）和间接成本（组织与人力成本）	Love 等（2013）[139]
9	员工 BIM 经验，BIM 人才引进，BIM 能力、成本、应用效果等因素影响业主方 BIM 应用	Giel 和 Issa（2014）[140]

序号	影 响 因 素	文 献
10	效益对业主方 BIM 应用至关重要	Love 等 (2014)[141]
11	应用成本、应用效益、软件使用学习、公司领导支持等是影响 BIM 实施的主要因素	Migilinskas 等 (2013)[142]
12	投资和效益是 BIM 应用过程中使用者最为关注的因素，BIM 应用需要员工的培训	Han 和 Damian (2008)[143]
13	高层管理者的支撑，BIM 专业技术人员，BIM 培训、成本等因素影响用户 BIM 的应用	Xu 等 (2014)[144]
14	业主方的有效管理，BIM 专业人员及 BIM 专业人员的培训是 BIM 效益能够充分发挥的基础	申玲等 (2018)[145]
15	BIM 应用模式选择影响因素有：业主 BIM 能力要求、应用成本、BIM 应用程度、各方协同程度、业主受益程度	吕坤灿等 (2017)[136]

由上述文献分析可以看出，BIM 应用成本、效用、业主方能力、BIM 技术人员等因素直接影响 BIM 应用，项目规模、运营支持程度等因素影响 BIM 应用模式选择。因此，结合上述文献及实际调研情况，以及水利水电工程特点，本书从项目特性、业主方能力以及 BIM 平台构建的成本和效用归纳构建水利水电项目 BIM 平台构建模式选择影响因素。水利水电项目 BIM 平台构建模式选择影响因素如图 3-5 所示。

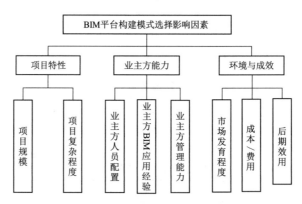

图 3-5 BIM 平台构建模式选择影响因素

（1）项目规模。工程项目规模经常可用项目投资、工程结构尺寸等指标来衡量，并可将工程分为大型工程、中型工程及小型工程。不同规模的工程参与主体数量不同，对 BIM 平台的要求也不同。相对而言，大型水利水电工程项目 BIM 平台的构建和管理较为复杂，可以采用委托第三方或咨询辅助模式构建 BIM 平台；中型项目可以采用设计主导模式；小型工程项目 BIM 平台的构建和管理较为简单，可以采用业主方自建的模式。

（2）项目复杂程度。工程项目复杂程度包括工程技术难度、工程的不确定性、项目间的干扰性等。工程项目越复杂，BIM 技术应用效益会越大。但与此同时，BIM 技术应用的难度也会越大，BIM 平台构建和管理的难度也较大。这也势必会影响 BIM 平台构建模式的决策。

（3）业主方人员配置。包括人员配备数量和素质，人员素质指技术人员 BIM 应用的经验、能力以及知识水平等。人员数量和素质是 BIM 平台构建和管理的保障，如果没有足够的人员或人员对 BIM 技术不熟悉（缺乏 BIM 应用经验）或人员知识水平有限，将很难支撑 BIM 平台的构建和管理。

（4）业主方 BIM 应用经验。即业主方有无 BIM 技术应用的经验。BIM 平台的构建和管理显然是一项较为复杂且技术性较强的系统工程，如果业主方 BIM 应用有限，能力较弱，由业主方单独构建和管理 BIM 平台将会比较困难。如果业主方 BIM 技术应用较为成熟，由其自己负责 BIM 平台的构建，并实施管理将会较为容易。

（5）业主方管理能力。首先，BIM 平台构建完成后伴随着平台管理的问题，如果业主方管理能力较强则可选择自己主导构建 BIM 平台；反之，如果业主方管理能力较为薄弱，将难以独立实施 BIM 平台的构建和管理。其次，BIM 平台需要参建各方的协同应用，如果由业主方独自构建，则需要协调参建各方对 BIM 平台的应用，这就要求业主方具备较强的管理能力。

（6）市场发育程度。主要指市场上 BIM 运用情况，如果 BIM 运用情况不好，例如设计方 BIM 运用效果不佳，不具备 BIM 平台构建的能力，那么选用设计方主导 BIM 平台构建模式将失去意义。亦或者仅有少数几家设计企业能够完成 BIM 平台的构建和管理任务，市场竞争不够充分，那么采用设计方主导的模式势必成本会很高。

（7）成本/费用。成本/费用指平台构建和管理的成本。BIM 平台的构建和管理需要一定的成本投入，其中既包含了直接成本又包含管理成本。例如如果业主方主导来构建，则包含所需的软硬件设施购买、人员培训、平台管理等相关费用。业主方以追求项目整体效益最大化为目的，因此成本/费用无疑影响 BIM 平台构建的一个重要因素。

（8）后期效用。这里指建设完成后转入运营时所能够带来的附加效用。水利水电工程建设完成后将会进入较长的运行期，BIM 平台也将会转入运营期的使用。工程建设和运营存在密切联系，如果业主方主导 BIM 平台的构建，项目建设期结束后，参建人员可以转入后期运营管理。建设人员对 BIM 平台较为熟悉，必然会带来较好的运用效果，且省去了对运营管理人员的培训时间和费用。

3.4 水利水电项目 BIM 平台构建模式决策

不同的水利水电工程有其不同的特点，完全采用某一种模式来构建 BIM 平台并不见得一定是最优的。如何根据项目具体特点，设计其最优的 BIM 平台构建模式直接关系到 BIM 平台的利用效果。西蒙认为，管理就是决策。所谓的决策就是为实现某一目标，运用科学的理论与方法，系统地分析主观条件，提出各种方案，从中选择一个能够最佳实现特定目标的最优方案的过程。

随着社会和经济的飞速发展，现如今各领域中决策问题的不确定因素都在不断增多，且日趋复杂。依赖单个或少数个体做出合适的决策显得越来越困难，常常需要借助群体的力量进行决策。同时，由于决策问题本身的不确定性，以及人类自身思维的模糊性和知识的有限性，使得决策过程中决策者往往很难给出精确的评价结果。模糊集理论的提出[146]，以区间［0，1］上的数值来刻画评价对象与属性集之间的隶属程度，有效地解决了指标评价时的模糊性问题。然而，仅有一个隶属度指标的模糊集，只能简单反映是与否两方面的信息，实际管理决策问题往往较为复杂，加上决策者时间、精力以及对客观事物认识上的不完全性，在进行决策时往往存在一定的犹豫度，模糊集理论不能有效刻画决策者的犹豫程度[147]。为此，Atanassov（1986）[148]对 Zadeh 的模糊集理论进行了拓展，提出了直觉模糊集的概念。直觉模糊集可同时考虑指标评价时的隶属度、非隶属度和犹豫度三个方面的信息，能够有效描述非此非彼的模糊概念，进而能够更加细腻地刻画客观世界的模糊本质[149-150]。由上述 BIM 平台构建模式选择影响因素可以看出，水利水电项目BIM 平台构建模式指标评价具有较强的模糊性及不确定性。因此，本书拟采用改进的区间直觉模糊群决策方法建立相应的 BIM 平台构建模式决策模型。

3.4.1　区间直觉模糊集及其相关算法

作为对 Zadeh 模糊集的拓展，直觉模糊集自提出就得到了广泛的应用，也时常被用于解决不确定多属性决策问题。近年来，随着决策问题日趋复杂，直觉模糊集也逐渐被用于群决策领域。区间直觉模糊集是对其进行的进一步扩展，评价效果更为优越。下文将对区间直觉模糊集及其相关算法作一简单介绍。

3.4.1.1　区间直觉模糊集

设 X 为一非空集合，$A=\{\langle x,\mu_A(x),\upsilon_A(x)\rangle \,|\, x\in X\}$ 为一直觉模糊集。其中，$\mu_A(x)$ 和 $\upsilon_A(x)$ 分别为非空集合 X 中元素 x 属于评判集的隶属度和非隶属度，$\mu_A(x)\in[0,1]$，$\upsilon_A(x)\in[0,1]$，且满足 $0\leqslant\mu_A(x)+\upsilon_A(x)\leqslant1$。$\pi_A(x)=1-\mu_A(x)-\upsilon_A(x)$ 表示犹豫程度，$\pi_A(x)\in[0,1]$。特别地，如果对 $\forall x\in X$ 都有 $\pi_A(x)=1-\mu_A(x)-\upsilon_A(x)=0$，即 $\upsilon_A(x)=1-\mu_A(x)$，则直觉模糊集退化为一般模糊集。现实中，确定的隶属度和非隶属度值有时也较难确定。为此，Atanassov 和 Gargov（1989）[151]对直觉模糊集又进一步进行了拓展。将隶属度及非隶属度用不确定语言表示，如 $\mu_A(x)=[\mu_A^L(x),\mu_A^U(x)]$，$\upsilon_A(x)=[\upsilon_A^L(x),\upsilon_A^U(x)]$，则直觉模糊集演变为区间直觉模糊集。任一区间直觉模糊集可表示为

$$A=\{\langle x,[\mu_A^L(x),\mu_A^U(x)],[\upsilon_A^L(x),\upsilon_A^U(x)]\rangle \,|\, x\in X\} \tag{3-1}$$

式（3-1）中：$\mu_A^L(x)$、$\upsilon_A^L(x)$ 分别为隶属度和非隶属度的下限；$\mu_A^U(x)$、$\upsilon_A^U(x)$ 分别为隶属度和非隶属度的上限。且有 $0\leqslant\mu_A^L(x)\leqslant\mu_A^U(x)\leqslant1$，$0\leqslant\upsilon_A^L(x)\leqslant\upsilon_A^U(x)\leqslant1$，$\mu_A^U(x)+\upsilon_A^U(x)\leqslant1$，$x\in X$。与此同时，犹豫程度可表示为 $\pi_A(x)=[\pi_A^L(x),\pi_A^U(x)]=[1-u_A^U(x)-\upsilon_A^U(x),1-u_A^L(x)-\upsilon_A^L(x)]$，且 $\pi_A^L(x)$ 表示犹豫程度的下限，$\pi_A^U(x)$ 表示犹豫程度的上限。特别地，如果对 $\forall x\in X$ 都有 $\mu_A^L(x)=\mu_A^U(x)$ 且 $\upsilon_A^L(x)=\upsilon_A^U(x)$，则区间直觉模糊集退化为一般的直觉模糊集。

3.4.1.2　加权平均算子

加权平均算子是最常用到的直觉模糊集集结算法，设 $A=(\widetilde{A}_1,\widetilde{A}_2,\cdots,\widetilde{A}_n)$ 为一系列

区间直觉模糊集向量，$A_i = \{\langle x_i, [\mu_A^L(x_i), \mu_A^U(x_i)], [\upsilon_A^L(x_i), \upsilon_A^U(x_i)] \rangle | x_i \in X\}$，$X$ 为非空集合，$i = 1, 2, \cdots, n$，则加权集结向量可表示为[152]

$$A_0 = \left\langle \left[\prod_{i=1}^{n} \mu_A^L(x)^{w_i}, \prod_{i=1}^{n} \mu_A^U(x)^{w_i} \right], \left\{ 1 - \prod_{i=1}^{n} [1 - \upsilon_A^L(x)]^{w_i}, 1 - \prod_{i=1}^{n} [1 - \upsilon_A^U(x)]^{w_i} \right\} \right\rangle$$

$$(3-2)$$

式（3-2）中，$W = (w_1, w_2, \cdots, w_n)$ 为各向量权重，$w_i \in [0, 1]$，且 $\sum_{i=1}^{n} w_j = 1$。

3.4.1.3 距离测度公式

设两个区间直觉模糊集 $A_1 = \{\langle x_1, [\mu_A^L(x_1), \mu_A^U(x_1)], [\upsilon_A^L(x_1), \upsilon_A^U(x_1)] \rangle | x_1 \in X\}$，$A_2 = \{\langle x_2, [\mu_A^L(x_2), \mu_A^U(x_2)], [\upsilon_A^L(x_2), \upsilon_A^U(x_2)] \rangle | x_2 \in X\}$，则两个直觉模糊集之间的距离可定义为[153]

$$d(A_1, A_2) = \frac{1}{4} \big(|\mu_A^L(x_1) - \mu_A^L(x_2)| + |\mu_A^U(x_1) - \mu_A^U(x_2)| + |\upsilon_A^L(x_1) - \upsilon_A^L(x_2)|$$
$$+ |\upsilon_A^U(x_1) - \upsilon_A^U(x_2)| + |\pi_A^L(x_1) - \pi_A^L(x_2)| + |\pi_A^U(x_1) - \pi_A^U(x_2)| \big)$$

$$(3-3)$$

式（3-3）中，$\pi_A^L(x_1) = 1 - \mu_A^U(x_2) - \upsilon_A^U(x_2)$，$\pi_A^U(x_2) = 1 - \mu_A^L(x_1) - \upsilon_A^L(x_1)$。

3.4.1.4 得分函数及精度函数

利用区间直觉模糊集进行决策过程中，得分函数和精度函数是对区间直觉模糊集大小的有效度量，也是评价结果确定的有效依据。

对于任一区间直觉模糊集 $A = \{\langle x, [\mu_A^L(x), \mu_A^U(x)], [\upsilon_A^L(x), \upsilon_A^U(x)] \rangle | x \in X\}$，其得分函数可表示为[154]

$$S(x) = \frac{\mu_A^U(x) + \mu_A^L(x) - \upsilon_A^U(x) - \upsilon_A^L(x)}{2}$$

$$(3-4)$$

与此同时，对于区间直觉模糊集 $A = \{\langle x, [\mu_A^L(x), \mu_A^U(x)], [\upsilon_A^L(x), \upsilon_A^U(x)] \rangle | x \in X\}$ 的精度函数可定义为[154]

$$H(x) = \frac{\mu_A^U(x) + \mu_A^L(x) + \upsilon_A^U(x) + \upsilon_A^L(x)}{2}$$

$$(3-5)$$

设两个区间直觉模糊集 $A_1 = \{\langle x_1, [\mu_A^L(x_1), \mu_A^U(x_1)], [\upsilon_A^L(x_1), \upsilon_A^U(x_1)] \rangle | x_1 \in X\}$，$A_2 = \{\langle x_2, [\mu_A^L(x_2), \mu_A^U(x_2)], [\upsilon_A^L(x_2), \upsilon_A^U(x_2)] \rangle | x_2 \in X\}$。基于得分函数和精度函数，徐泽水（2007）[152]提出了如下对比它们大小的方法：

（1）如果 $S(x_1) < S(x_2)$，则 $A_1 < A_2$；

（2）如果 $S(x_1) = S(x_2)$，但是 $H(x_1) < H(x_2)$，则 $A_1 < A_2$；

（3）如果 $S(x_1) = S(x_2)$，且 $H(x_1) = H(x_2)$，则 $A_1 = A_2$。

3.4.2 水利水电项目 BIM 平台构建模式决策模型

基于区间直觉模糊群决策方法，可以构建水利水电项目 BIM 平台构建模式决策模型。在此，设决策者集合为 $D = (D_1, D_2, \cdots, D_l)$，备选方案集合为 $P = (P_1, P_2, \cdots, P_m)$，指标集合为 $C = (C_1, C_2, \cdots, C_n)$。在进行某一水利水电项目 BIM 平台构建模式决策时，可以按照以下程序进行。

3.4.2.1　决策者评价

首先，请决策者对备选方案关于评价指标进行评价，评价语言采用区间直接模糊集，可得到决策者评价矩阵 $\boldsymbol{R} = (R_1, R_2, \cdots, R_l)$。

$$
\boldsymbol{R}_k = \begin{array}{c} \\ P_1 \\ P_2 \\ \vdots \\ P_m \end{array}
\begin{array}{cccc} C_1 & C_2 & \cdots & C_n \end{array}
\begin{bmatrix}
r_{11}^{(k)} & r_{12}^{(k)} & \cdots & r_{1n}^{(k)} \\
r_{21}^{(k)} & r_{22}^{(k)} & \cdots & r_{2n}^{(k)} \\
\vdots & \vdots & \ddots & \vdots \\
r_{m1}^{(k)} & r_{m2}^{(k)} & \cdots & r_{mn}^{(k)}
\end{bmatrix}
\tag{3-6}
$$

式 （3-6） 中，$r_{ij}^{(k)} = \langle [\mu_{ij}^{L(k)}, \mu_{ij}^{U(k)}], [\upsilon_{ij}^{L(k)}, \upsilon_{ij}^{U(k)}] \rangle$ 代表决策者 D_k 对备选方案 P_i 关于评价指标 C_j 给出的评价值，$k = 1, 2, \cdots, l$，$i = 1, 2, \cdots, m$，$j = 1, 2, \cdots, n$。

3.4.2.2　确定决策者权重

群体决策的过程是决策者评价信息集结的过程，决策者权重对决策结果的可靠性至关重要。许多学者对决策者权重确定方法进行了研究，并提出了相应的决定决策者权重计算方法。然而，这些方法确定的决策者权重是单一权重，没能考虑决策者的特殊性。决策者有其自身的知识和工作背景，其擅长的领域不尽相同，他们可能熟悉决策对象的某些属性或某一备选方案，但不可能是全部。因此，决策者权重不能为单一权重，应根据决策者给出的决策信息给出具体的信息可靠度权重。为了提高决策的可靠性，作者提出了一种新的基于信息效用水平的决策者细粒度权重确定方法，该方法分析计算过程如下。

信息效用的大小可以用熵值来衡量，关于不确定直觉模糊集熵权计算许多学者给出了相应的计算方法[155]。本书基于 Das 等 （2016）[147] 提出的改进的熵值计算方法来构建新的决策者权重计算方法。

决策信息 $r_{ij}^{(k)}$ 的熵值大小 $E(r_{ij})$ 可用下式计算：

$$
E(r_{ij}^{(k)}) = \frac{\min(a_i, b_i)}{\max(a_i, b_i)}
\tag{3-7}
$$

式 （3-7） 中，a_i、b_i 分别为 r_{ij} 距正理想点 $r^+ = \langle [1,1], [0,0], [0.0] \rangle$ 和负理想点 $r^- = \langle [0,0], [1,1], [0.0] \rangle$ 的距离。

考虑犹豫程度，决策信息 $r_{ij}^{(k)}$ 的熵值可表示为[147]

$$
K(r_{ij}^{(k)}) = 1 - \frac{1}{2}[E(r_{ij}^{(k)}) + (\vartheta\pi^L(r_{ij}^{(k)}) + (1-\vartheta)\pi^U(r_{ij}^{(k)}))]
\tag{3-8}
$$

式 （3-8） 中，$\pi(r_{ij}^{(k)}) = [\pi^L(r_{ij}^{(k)}), \pi^U(r_{ij}^{(k)})]$，表示不确定直觉模糊集的犹豫程度。$\vartheta$ 为决策者偏好系数，$\vartheta \in [0,1]$。

基于熵值，考虑各决策者给出的同一备选方案的同一属性评价信息的效用，可计算决策者决策信息权重如下：

$$
w_{ij}^k = \frac{K(r_{ij}^{(k)})}{\sum_{k=1}^{l} K(r_{ij}^{(k)})}
\tag{3-9}
$$

式 （3-9） 中，w_{ij}^k 表示决策者 D_k 对方案 P_i 关于属性 C_j 给出的评价值 $r_{ij}^{(k)}$ 的相

对重要程度（权重），$w_{ij}{}^k \in [0, 1]$，且 $\sum\limits_{k=1}^{l} w_{ij}{}^k = 1$。

从而，可得到各决策者给出的决策信息的权重系数：

$$W_k = (w_{ij}{}^k)_{n \times m}, (k=1,2,\cdots,l; i=1,2,\cdots,m; j=1,2,\cdots,n) \tag{3-10}$$

从式（3-10）可以看出，该方法确定的决策者权重为权重矩阵，可以依据信息的效用程度计算出决策者给出的每一评价指标评价值的相对重要程度，能够有效考虑决策者的特长提高决策结果的精确度和可靠性。

3.4.2.3 集结各决策者评价矩阵

决策者权重确定以后，根据式（3-5），对各决策者给出的评价矩阵信息进行集结，可以得到集结后的评价信息矩阵 $\boldsymbol{R}_o$ 如下所示：

$$\boldsymbol{R}_o = \begin{array}{c} \\ P_1 \\ P_2 \\ \vdots \\ P_m \end{array} \begin{array}{cccc} C_1 & C_2 & \cdots & C_n \end{array} \\ \begin{bmatrix} r_{11}^o & r_{12}^o & \cdots & r_{1n}^o \\ r_{21}^o & r_{22}^o & \cdots & r_{2n}^o \\ \vdots & \vdots & \ddots & \vdots \\ r_{m1}^o & r_{m2}^o & \cdots & r_{mn}^o \end{bmatrix} \tag{3-11}$$

其中

$$r_{ij}^o = \left\langle \left[\prod_{k=1}^{l} (\mu_{ij}^{L(k)})^{w_{ij}^p}, \prod_{k=1}^{l} (\mu_{ij}^{U(k)})^{w_{ij}^{(k)}} \right], \left[1 - \prod_{k=1}^{l} (1 - \upsilon_{ij}^{L(k)})^{w_{ij}^{(k)'}}, 1 - \prod_{k=1}^{l} (1 - \upsilon_{ij}^{U(k)})^{w_{ij}^{(k)}} \right] \right\rangle,$$

$(i=1,2,\cdots,m; j=1,2,\cdots,n)$。

3.4.2.4 确定指标权重

指标权重确定也非常重要，关系决策结果的可靠性。指标权重确定方法有很多，例如层次分析法（AHP）、德尔菲法、熵权和因素分析法。本书利用层次分析法来确定指标权重，其计算步骤如下：

（1）建立层次结构。结合相应影响因素，通过目标分析，构建目标层、准则层、指标层等层次结构体系。

（2）构造判断矩阵。同一层级上的元素依次用成对比较法按一定比例尺度比较，建立如判断矩阵 $\boldsymbol{P}$。

$$\boldsymbol{P} = \begin{bmatrix} a_{11} & a_{12} & \cdots & a_{1n} \\ a_{21} & a_{22} & \cdots & a_{21} \\ \vdots & \vdots & \ddots & \vdots \\ a_{n1} & a_{n2} & \cdots & a_{nn} \end{bmatrix} \tag{3-12}$$

式（3-12）中，$a_{ij}>0, a_{ij}=1/a_{ji}(i \neq j)$，$a_{ij}=1 (i=j)(i,j=1,2,\cdots,n)$。$a_{ij}$ 表示因素 i 相对于因素 j 的重要程度，其值可以用数字 1~9 及其倒数表示，详见表 3-3。

（3）权重计算及一致性检验。计算判断矩阵 P 最大特征根 $\lambda_{\max}$ 及对应的特征向量，然后对特征向量归一化，所得向量即是权重向量。一致性指标 $CI = \dfrac{\lambda_{\max} - n}{n-1}$，当一致性比率 $CR = CI/RI < 0.10$，则认为判断矩阵具有满意的一致性，RI 取值如表 3-4 所示。在此设计算得到的指标权重为 $W^c = (w_1^c, w_2^c, \cdots, w_n^c)$。

表 3 - 3 标度数字含义

a_{ij} 取值	含 义	a_{ij} 取值	含 义
1	因素 i 与 j 同样重要	7	因素 i 比 j 非常重要
3	因素 i 比 j 略重要	9	因素 i 比 j 极其重要
5	因素 i 比 j 明显重要	2，4，6，8	表示上述判断的中间值

表 3 - 4 RI 的取值

n	1	2	3	4	5	6	7	8	9
RI	0	0	0.58	0.90	1.12	1.24	1.32	1.41	1.45

3.4.2.5 确定最终集结评价矩阵

根据决策者评价信息集结矩阵及评价指标权重，利用式（3-5）可计算得最终集结评价矩阵：

$$\boldsymbol{O} = (r_i)_{m \times 1} \tag{3-13}$$

式（3 - 13）中，$r_i = \left\langle \left[\prod_{j=1}^{n} (\mu_{ij}^{L(0)})^{w_j^c}, \prod_{j=1}^{n} (\mu_{ij}^{U(0)})^{w_j^c} \right], \left[1 - \prod_{j=1}^{n} (1 - \upsilon_{ij}^{L(0)})^{w_j^c}, \right.\right.$

$\left.\left. 1 - \prod_{j=1}^{n} (1 - \upsilon_{ij}^{U(0)})^{w_j^c} \right] \right\rangle, i = 1, 2, \cdots, m$。

3.4.2.6 排序决策

根据最终集结评价矩阵，计算各备选方案的得分函数和精度函数值，并依据相应规则对备选方案进行排序，根据排序结果可得到最优方案。

综上，水利水电项目 BIM 平台构建模式决策步骤如图 3-6 所示。

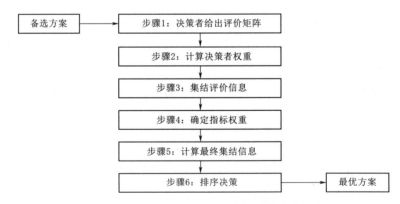

图 3-6 水利水电项目 BIM 平台构建模式决策步骤

3.5 案 例 分 析

上节建立了水利水电项目 BIM 平台构建模式设计方法，本节借助具体案例来具体阐述上节建立方法的应用步骤和应用的可行性。为计算方便，本书对案例做了相应简化。现有一大型水利工程，建设过程中业主方期望能够建立协同参建各方的 BIM 平台，以期通过 BIM 平台的应用提升项目整体效益。现拟从业主自建（P_1）、咨询辅助（P_2）、委托设计方（P_3）及委托第三方（P_4）四种模式中选择最优的方案。基于本项目基本情况，邀请 BIM 技术应用、水利水电工程项目管理等相关专家参与此次决策，决策专家集 $D = (D_1, D_2, D_3, D_4)$，评价语言采用区间直觉模糊集。具体评价步骤如下所示：

（1）指标权重确定。不同的指标有其不同的重要程度，因此需要计算其相应权重。本书利用层次分析法计算各层级指标权重，权重计算结果如表 3-5 所示。

表 3-5　　　　　　　　　　　评 价 指 标 权 重 值

准则层	权重	指标因子层	权 重	综合权重
项目特性 B1	0.196	项目规模 C11	0.500	0.098
		项目复杂程度 C12	0.500	0.098
业主方能力 B2	0.493	业主方人员配备 C21	0.311	0.153
		业主方 BIM 应用经验 C22	0.493	0.243
		业主方管理能力 C23	0.196	0.097
环境与成效 B3	0.311	市场发育程度 C31	0.163	0.051
		成本/费用 C32	0.540	0.168
		后期效用 C33	0.297	0.092

（2）专家评价。在详细了解工程基本情况的基础上，邀请各决策专家依据所建立的评价指标体系关于评价对象对各指标的适应性给出评价结果，评价结果以区间直觉模糊集形式给出。评价结果如表 3-6 和表 3-7 所示。

表 3-6　　　　　　　　　　　评 价 结 果 （一）

指标		C11				C12				C21				C22			
IVIFS		μ_{ij}^L	μ_{ij}^U	υ_{ij}^L	υ_{ij}^U	μ_{ij}^L	μ_{ij}^U	υ_{ij}^L	υ_{ij}^U	μ_{ij}^L	μ_{ij}^U	υ_{ij}^L	υ_{ij}^U	μ_{ij}^L	μ_{ij}^U	υ_{ij}^L	υ_{ij}^U
D1	P1	0.55	0.70	0.10	0.15	0.55	0.60	0.25	0.35	0.45	0.55	0.25	0.35	0.25	0.45	0.35	0.45
	P2	0.55	0.65	0.15	0.20	0.60	0.65	0.15	0.25	0.55	0.75	0.05	0.15	0.55	0.65	0.15	0.20
	P3	0.65	0.75	0.10	0.15	0.55	0.70	0.15	0.25	0.60	0.65	0.20	0.30	0.65	0.75	0.10	0.25
	P4	0.45	0.65	0.15	0.20	0.45	0.55	0.10	0.30	0.60	0.65	0.60	0.85	0.00	0.05		
D2	P1	0.55	0.65	0.15	0.25	0.55	0.65	0.15	0.25	0.25	0.45	0.45	0.55	0.35	0.45	0.35	0.35
	P2	0.65	0.75	0.05	0.15	0.60	0.75	0.10	0.15	0.55	0.15	0.30	0.55	0.65	0.10	0.15	
	P3	0.45	0.65	0.20	0.35	0.45	0.65	0.15	0.25	0.45	0.65	0.25	0.30	0.65	0.75	0.05	0.15
	P4	0.40	0.55	0.25	0.35	0.75	0.15	0.25	0.50	0.65	0.10	0.20	0.85	0.05	0.10		
D3	P1	0.60	0.75	0.10	0.15	0.55	0.75	0.15	0.25	0.35	0.45	0.25	0.35	0.45	0.60	0.15	0.25
	P2	0.55	0.65	0.15	0.20	0.75	0.05	0.15	0.75	0.10	0.15	0.55	0.75	0.10	0.25		
	P3	0.35	0.40	0.35	0.45	0.55	0.65	0.15	0.25	0.55	0.60	0.15	0.25	0.80	0.05	0.10	
	P4	0.40	0.65	0.15	0.20	0.75	0.05	0.15	0.65	0.70	0.05	0.15	0.65	0.85	0.00	0.15	

指标		C11				C12				C21				C22			
IVIFS		μ_{ij}^L	μ_{ij}^U	υ_{ij}^L	υ_{ij}^U	μ_{ij}^L	μ_{ij}^U	υ_{ij}^L	υ_{ij}^U	μ_{ij}^L	μ_{ij}^U	υ_{ij}^L	υ_{ij}^U	μ_{ij}^L	μ_{ij}^U	υ_{ij}^L	υ_{ij}^U
D4	P1	0.65	0.75	0.10	0.20	0.45	0.65	0.25	0.30	0.40	0.55	0.20	0.35	0.45	0.65	0.15	0.25
	P2	0.55	0.60	0.15	0.25	0.55	0.65	0.15	0.20	0.50	0.65	0.05	0.15	0.55	0.65	0.15	0.25
	P3	0.35	0.45	0.20	0.35	0.50	0.65	0.25	0.30	0.55	0.70	0.15	0.25	0.65	0.75	0.10	0.15
	P4	0.45	0.60	0.15	0.25	0.65	0.75	0.10	0.15	0.55	0.65	0.15	0.20	0.70	0.75	0.05	0.15

表 3 - 7　　　　　　　　　　　　评　价　结　果（二）

指标		C23				C31				C32				C33			
IVIFS		μ_{ij}^L	μ_{ij}^U	υ_{ij}^L	υ_{ij}^U	μ_{ij}^L	μ_{ij}^U	υ_{ij}^L	υ_{ij}^U	μ_{ij}^L	μ_{ij}^U	υ_{ij}^L	υ_{ij}^U	μ_{ij}^L	μ_{ij}^U	υ_{ij}^L	υ_{ij}^U
D1	P1	0.55	0.70	0.10	0.15	0.45	0.55	0.15	0.25	0.60	0.75	0.05	0.15	0.75	0.85	0.00	0.05
	P2	0.65	0.75	0.05	0.15	0.65	0.75	0.05	0.10	0.55	0.65	0.15	0.20	0.70	0.80	0.05	0.10
	P3	0.60	0.75	0.00	0.15	0.55	0.65	0.10	0.15	0.35	0.50	0.25	0.35	0.35	0.55	0.25	0.35
	P4	0.45	0.55	0.05	0.20	0.60	0.75	0.05	0.15	0.45	0.55	0.30	0.35	0.35	0.45	0.30	0.45
D2	P1	0.55	0.60	0.15	0.30	0.45	0.65	0.15	0.25	0.60	0.75	0.05	0.15	0.75	0.90	0.00	0.05
	P2	0.65	0.75	0.05	0.15	0.70	0.80	0.05	0.10	0.55	0.75	0.15	0.20	0.75	0.85	0.05	0.10
	P3	0.75	0.85	0.00	0.05	0.65	0.75	0.15	0.20	0.30	0.50	0.35	0.45	0.35	0.45	0.25	0.35
	P4	0.55	0.65	0.15	0.25	0.65	0.75	0.05	0.15	0.45	0.60	0.15	0.25	0.30	0.55	0.25	0.35
D3	P1	0.45	0.55	0.25	0.35	0.50	0.65	0.15	0.25	0.55	0.70	0.15	0.25	0.75	0.85	0.05	0.10
	P2	0.60	0.70	0.05	0.25	0.65	0.75	0.05	0.15	0.50	0.65	0.20	0.35	0.65	0.80	0.05	0.15
	P3	0.65	0.75	0.05	0.15	0.60	0.75	0.15	0.25	0.35	0.40	0.35	0.45	0.40	0.55	0.15	0.35
	P4	0.45	0.65	0.15	0.25	0.75	0.85	0.05	0.10	0.45	0.65	0.15	0.25	0.25	0.45	0.45	0.50
D4	P1	0.45	0.65	0.15	0.25	0.55	0.60	0.15	0.25	0.65	0.85	0.05	0.15	0.80	0.85	0.00	0.05
	P2	0.65	0.75	0.05	0.15	0.65	0.70	0.05	0.15	0.65	0.75	0.05	0.10	0.75	0.80	0.00	0.05
	P3	0.65	0.75	0.05	0.15	0.55	0.65	0.05	0.20	0.45	0.55	0.15	0.35	0.35	0.45	0.25	0.35
	P4	0.45	0.55	0.25	0.30	0.65	0.75	0.05	0.15	0.45	0.60	0.10	0.25	0.25	0.45	0.35	0.45

（3）计算分析。首先，依据专家评价结果，根据式（3-7）～式（3-9）可计算出各决策专家给出的评价值的权重。各决策专家给出的评价值权重如表 3-8 所示。

表 3 - 8　　　　　　　　　　决　策　者　评　价　值　权　重

决策者	方案	C11	C12	C21	C22	C23	C31	C32	C33
D1	P1	0.238	0.245	0.269	0.208	0.273	0.226	0.246	0.245
	P2	0.245	0.245	0.269	0.245	0.253	0.246	0.243	0.247
	P3	0.341	0.266	0.265	0.253	0.235	0.230	0.255	0.262
	P4	0.264	0.198	0.239	0.243	0.228	0.237	0.239	0.229

续表

决策者	方案	C11	C12	C21	C22	C23	C31	C32	C33
D2	P1	0.234	0.251	0.268	0.208	0.258	0.250	0.246	0.253
	P2	0.275	0.256	0.202	0.241	0.253	0.264	0.264	0.263
	P3	0.277	0.233	0.233	0.246	0.272	0.274	0.226	0.229
	P4	0.229	0.258	0.237	0.265	0.281	0.255	0.250	0.254
D3	P1	0.259	0.272	0.209	0.285	0.224	0.262	0.236	0.248
	P2	0.245	0.265	0.292	0.266	0.240	0.249	0.238	0.241
	P3	0.187	0.253	0.240	0.252	0.246	0.266	0.216	0.279
	P4	0.253	0.270	0.274	0.249	0.255	0.261	0.262	0.286
D4	P1	0.269	0.232	0.254	0.299	0.245	0.262	0.273	0.253
	P2	0.236	0.233	0.237	0.247	0.253	0.240	0.254	0.249
	P3	0.195	0.248	0.262	0.249	0.246	0.230	0.303	0.229
	P4	0.253	0.273	0.250	0.243	0.235	0.246	0.248	0.232

依据式（3-2），由各专家给出的评价值及求得的对应权重将各专家给出的评价值进行集结，可得集结后的决策矩阵如表3-9所示。

表 3-9　　　　　　　　　集 成 决 策 矩 阵

指标	C11				C12			
IVIFS	μ_{ij}^{L}	μ_{ij}^{U}	υ_{ij}^{L}	υ_{ij}^{U}	μ_{ij}^{L}	μ_{ij}^{U}	υ_{ij}^{L}	υ_{ij}^{U}
P1	0.588	0.714	0.112	0.201	0.525	0.663	0.199	0.287
P2	0.576	0.663	0.124	0.186	0.601	0.700	0.099	0.187
P3	0.463	0.580	0.199	0.310	0.513	0.663	0.176	0.251
P4	0.425	0.613	0.174	0.262	0.579	0.705	0.100	0.195
指标	C21				C22			
IVIFS	μ_{ij}^{L}	μ_{ij}^{U}	υ_{ij}^{L}	υ_{ij}^{U}	μ_{ij}^{L}	μ_{ij}^{U}	υ_{ij}^{L}	υ_{ij}^{U}
P1	0.354	0.500	0.298	0.411	0.378	0.545	0.240	0.318
P2	0.529	0.681	0.086	0.183	0.550	0.675	0.125	0.215
P3	0.537	0.650	3.188	0.275	0.650	0.762	0.075	0.165
P4	0.563	0.651	0.100	0.199	0.687	0.825	0.026	0.113
指标	C23				C31			
IVIFS	μ_{ij}^{L}	μ_{ij}^{U}	υ_{ij}^{L}	υ_{ij}^{U}	μ_{ij}^{L}	μ_{ij}^{U}	υ_{ij}^{L}	υ_{ij}^{U}
P1	0.501	0.626	0.161	0.262	0.488	0.613	0.150	0.250
P2	0.638	0.738	0.050	0.175	0.663	0.750	0.050	0.125
P3	0.663	0.776	0.025	0.124	0.589	0.702	0.116	0.203
P4	0.476	0.602	0.153	0.239	0.638	0.788	0.050	0.137
指标	C32				C33			
IVIFS	μ_{ij}^{L}	μ_{ij}^{U}	υ_{ij}^{L}	υ_{ij}^{U}	μ_{ij}^{L}	μ_{ij}^{U}	υ_{ij}^{L}	υ_{ij}^{U}
P1	0.601	0.764	0.075	0.175	0.762	0.862	0.000	0.063
P2	0.538	0.700	0.138	0.216	0.712	0.813	0.038	0.100
P3	0.365	0.491	0.246	0.369	0.363	0.502	0.223	0.350
P4	0.450	0.600	0.177	0.275	0.283	0.473	0.346	0.442

依据表 3-4 指标权重及表 3-8 综合评价值进行集结，可得最终评价值：

$$O_1 = \langle [0.484, 0.634], [0.175, 0.267] \rangle$$
$$O_2 = \langle [0.579, 0.703], [0.100, 0.186] \rangle$$
$$O_3 = \langle [0.512, 0.637], [0.157, 0.259] \rangle$$
$$O_4 = \langle [0.516, 0.663], [0.133, 0.226] \rangle$$

依据最终评价值及式（3-4）可计算各方案得分函数值：

$$S(P_1) = 0.338, S(P_2) = 0.498$$
$$S(P_3) = 0.366, S(P_4) = 0.410$$

（4）评价结果分析。根据上述评价结果可以看出，$S(P_2) > S(P_4) > S(P_3) > S(P_1)$，即对该水利水电项目而言，BIM 平台构建模式采用方案二（咨询辅助模式）最优，方案四（委托第三方模式）次之，方案一（业主自建模式）最不合适，推荐采用咨询辅助模式构建 BIM 平台。

现阶段 BIM 技术在水利水电工程中应用还处于初级阶段，业主方 BIM 应用和管理经验相对较为欠缺。因此，业主方往往很难单独负责水利水电项目 BIM 平台的构建和管理。此时，在业主方有一定 BIM 技术应用经验的基础上选择咨询单位辅助其来完成 BIM 平台的构建和管理不失为一种不错的选择。如果业主方管理能力不足，人员配备不够的情况下选择第三方或设计方主导模式也是一种可行的方案。但是，相对于委托第三方或设计方主导的模式，咨询方辅助模式可以使得业主方在 BIM 平台应用过程中能够积累更多的 BIM 技术应用和管理经验。同时也可以培养一批 BIM 技术应用和管理人员，项目建成后可以使这些人员直接转入项目的运营管理，可省去运营管理人员培训的时间和费用，使得 BIM 平台在项目运营阶段也能够发挥出应有的作用。

3.6 本 章 小 结

水利水电项目 BIM 平台如何构建和管理关系到平台的应用效果。不同的水利水电工程有不同的特点，对于一具体的水利水电项目，BIM 平台应如何构建和管理？针对这一问题，本章在实际调研的基础上，结合文献分析，提出了 4 种可行的水利水电项目 BIM 平台构建模式，即：业主方自建模式、设计方主导模式、委托第三方模式和咨询方辅助模式，并分析了 4 种模式的优缺点。进而结合水利水电工程建设管理特点，基于文献分析，从工程特点、业主方能力及平台构建成本和后期效用等方面分析了影响 BIM 平台构建模式选择的关键因素，建立了水利水电项目 BIM 平台构建模式决策因素集。进一步考虑评价指标特点，基于改进的区间直觉模糊群决策方法构建了水利水电项目 BIM 平台构建模式决策模型。最后，结合实际案例分析了水利水电项目 BIM 平台构建模式设计的整个过程，并验证了决策模型的可靠性。从而提出了具体可行的水利水电项目 BIM 平台构建模式设计的方法，可以根据水利水电项目特点，设计其最为适用的 BIM 平台构建模式。

第 4 章　水利水电项目 BIM 平台协同应用演化博弈分析

基于 BIM 平台协同应用能够实现水利水电工程项目的价值提升，实现多方参与的项目价值共创。然而，BIM 平台协同应用的关键在于各方利益相关者之间的合作和互动。基于 BIM 平台协同应用的价值共创过程是一系列参与主体动态博弈的过程，可以采用演化博弈理论对不同参与者的演化行为进行分析，为解释激励或者处罚的有效性和参与者的策略变化提供一种定量的分析方法。因此，可以采用演化博弈理论分析水利水电项目 BIM 平台协同应用过程中博弈主体的策略选择对不同利益主体策略选择以及 BIM 平台应用的影响。此外，考虑到参与主体具有有限理性，可以通过引入前景理论深入分析影响不同利益主体决策的心理因素，采用以反映博弈主体对损益感知价值敏感程度的价值函数和反映主体对事件发生概率的主观认识的权重函数表示演化博弈理论的复制动态方程，可以深入探讨决策主体的价值感知和风险偏好对演化过程与演化稳定点的影响。本章主要基于演化博弈理论和前景理论，分析水利水电项目 BIM 平台协同应用过程中参与主体行为演化规律以及影响系统演化的关键要素，为后续 BIM 平台协同应用管理机制设计提供支撑[1]。

4.1　基　本　假　设

（1）水利水电工程建设过程中，业主方、施工方和设计方通过 BIM 平台协同应用可以实现项目增值，即降低工程建设成本、加快工程建设进度、缩短工程建设周期等，从而实现价值共创。与此同时，水利水电项目 BIM 平台协同应用以及价值共创需要施工方及时提供项目实际信息，需要设计方基于 BIM 平台以及 BIM 平台中信息对工程进行优化，从而降低项目建设成本、运行成本或缩短工程建设工期等。

（2）水利水电项目 BIM 平台协同应用过程中，施工方有共享信息和不共享信息两种策略选择，记 $L=(L_1, L_2)$。假设施工方选择共享信息的概率为 x，不共享信息的概率为 $1-x$，且 $x \in (0,1)$；施工方获取信息的成本为 C_1，共享信息情况下业主方给予其奖励为 R_1。施工方在不提供信息情况下，可以利用信息优势获取额外收益为 I_1（即机会收益）。施工方在不提供信息的情况下，采取机会主义行为可能被业主方发现。设施工方采取机会主义行为被业主方发现的概率是 γ_1，业主方发现施工方机会主义行为后会对其进行惩罚，

---

❶ 本章核心内容已发表至 *Engineering Construction and Architectural Management*，详见论文 Evolutionary game analysis of collaborative application of BIM platform from the perspective of value co-creation.

设业主方对施工方机会主义行为惩罚力度为 P_1。

（3）水利水电项目 BIM 平台协同应用过程中设计方有接收信息和不接收信息两种策略可以选择，记 $M=(M_1,M_2)$。假设设计方选择接收信息的概率为 y，选择不接收信息的概率为 $1-y$，且 $y\in(0,1)$；设计方接收信息并基于 BIM 平台对工程项目进行优化时需要设计方付出相应的努力，对应需付出相应的成本。假设设计方接收信息并基于 BIM 平台对工程进行优化所付出的成本为 C_2。设计方对工程项目进行优化后，业主方会给予其相应的奖励，设优化工程后业主方给予其奖励额度为 R_2。设计方在不接收信息情况下，同样可以通过承接其他业务实现一定的额外收益，在此可看作设计方的机会收益，设其为 I_2。同样，设计方不接收信息的机会主义行为也有可能被业主方发现。在此假设设计方不接收信息被业主方发现的概率为 γ_2。业主方发现设计方刻意不接收信息后会对设计方进行惩罚，在此设业主方对设计方机会主义行为惩罚力度为 P_2。

（4）水利水电项目 BIM 平台协同应用过程中，在设计和施工两方积极合作的基础上，业主可以充分运用 BIM 平台及时发现设计错误等，从而避免工程事故的发生；同时，BIM 平台亦可在工程建成后的运营维护和调度安排上充分发挥作用，可以有效提高业主方收益并降低潜在风险带来的损失，大大提高工程给业主方带来的收益。业主得到收益后，可以选择将收益的一部分以奖金或补贴的形式给予其他两方以提高他们协同应用 BIM 平台的意愿，进一步发挥水利水电项目 BIM 平台的价值共创作用。业主方有激励和不激励两种策略可以选择，记 $N=(N_1,N_2)$。设业主方选择激励设计和施工方的概率为 z，选择不激励设计和施工方的概率为 $1-z$，且 $z\in(0,1)$。另外，设施工方向 BIM 平台提供信息且设计方接收的情况下业主方通过 BIM 平台协同应用能够获得的综合收益为 S，在此基础上业主方给予设计方激励金额为 R_1，给予施工方的激励金额为 R_2，激励额度总计为 $R_3(R_3=R_1+R_2)$。在施工方不向 BIM 平台提供信息或设计方不接收 BIM 平台内信息的情况下，BIM 平台协同应用价值共创难以实现，项目不能实现增值，此时业主方也不能获取额外收益。当策略组合为（共享信息，接收信息，激励）时，此时通过 BIM 平台协同应用实现水利水电项目的增值且业主方选择激励作为一个事件发生的概率为 1。

4.2　模型构建与分析

4.2.1　演化博弈

演化博弈论是博弈论的数学框架在动物冲突动力学中的应用。与博弈论不同的是，基于有限理性假设的演化博弈理论不仅考虑了个体的有限理性，而且通过学习和模仿来动态调整个体的策略。它既很好地描述了核心利益相关者之间的动态演化过程，也更好地解释了均衡的形成过程。演化博弈论中两个最重要的概念是演化稳定策略（ESS）和复制者动力学。演化博弈论提供了广泛的研究工具，其应用范围从演化生物学延伸到自然科学和社会科学等各个领域，在经济学中的应用尤为广泛。

在工程项目建设管理过程中，演化博弈论已被广泛应用于分析 BIM 采用的行为演化机制。例如，王琦和王腾（2015）[156]构建了政府、企业和消费者之间 BIM 应用的三方演化博弈模型，为 BIM 在中国建筑业的应用和推广提供了借鉴。Yin（2019）[157]构建了装配式建筑 BIM 扩散中政府与企业、业主与承包商之间的演化博弈模型，探讨了关键影响因素，并提出了相应的建议。汤洪霞等（2020）[158]运用演化博弈论从六个场景分析了 BIM 应用在综合设施管理组织中的行为演化。宋家仁（2017）[159]运用演化博弈理论构建了所有者复制群体的动态模型，并讨论了激励和开发商对社会稳定的演化策略，最后提出了相关建议，为推动 BIM 提供了有益的参考。

4.2.2 前景理论

前景理论（prospect theory），也称展望理论或视野理论，由 D. Kahneman 与 A. Tversky 于 1979 年提出，用于解释个人的决策行为。他们认为，通常情况下概率和价值评估等主观判断、决策行为依赖于有限的可供利用的数据，这些依据直观推断与经验规则得到的信息会产生系统性偏误。前景理论以"有限理性"为前提，反映决策者的主观风险偏好。该理论认为，人的决策过程分为两个阶段：第一阶段为随机事件的发生以及人对事件结果和相关信息的收集整理；第二阶段为对事件结果的评估和决策。它从行为心理学的角度分析人的决策问题，充分考虑了心理因素对决策的影响，其核心是人在面对未来的不确定性进行决策时是否总是理性的。

前景理论是心理学研究与经济学研究的结合，揭示了不确定条件下的决策机制。与预期效用理论不同，前景理论通过一系列实验发现，人们的决策选择取决于结果与前景之间的差距，而不是结果本身。当人们做决定时，他们心中有一个预设的参照点，然后他们衡量每个结果是高于还是低于这个参照点。对于高于参考点的收益结果，人们往往表现出避险和对某些小收益的偏好。对于低于参考点的损失型结果，人们再次表现出风险偏好，希望好运来避免损失。

最初，金融是前景理论应用最活跃的经济学领域。这一领域的研究主要在三个方面应用前景理论：

（1）平均收益的横截面，其目标是理解为什么某些金融资产的平均收益高于其他金融资产。Benartzi 和 Aler（1995）[160]应用前景理论解释了著名的股权溢价之谜：美国股市的平均回报在历史上比美国国债的平均回报高出许多，超出了传统的基于消费的资产价格模型。

（2）综合股票市场。Barberis 和 Huang（2008）[161]研究了一个单一时期经济中的资产价格，这些投资者从这段时期内投资组合价值的变化中获得前景理论效用。

（3）随时间推移的金融资产交易。Frazzini（2006）[162]通过实证发现，个人投资者和共同基金经理都更倾向于出售自购买以来价值上升的股票，而不是价值下降的股票。目前，前景理论的应用已经相当广泛，包括保险、营销、消费者行为等各个方面。例如，Hu 和 Scott（2007）[163]认为，前景理论提供了一种理解为什么年金不受欢迎的方法。在他们的框架中，人们认为年金是一种高风险的赌博，其回报在退休时是未知的，是在死亡前从年金中获得的支出的现值减去最初支付的年金金额。Köszegi 和 Rabin（2009）[164] 提出了一种方法，将前景理论中的思想融入消费选择的动态模型。该模型建立在作者早期的观点之上，即期望是一个重要的参考点。Vamvakas 等（2019）[165] 提出了一种新的基于前景理论的 5G 非正交多址（NOMA）无线网络动态频谱管理方案，用户可以选择通过许可和非许可频段进行传输。

在工程项目建设管理过程中，许多学者将前景理论引入演化博弈，用感知期望函数代替期望效用函数，从而更好地分析行为演化问题。何寿奎等（2020）[166] 研究了重大工程项目中政府、社会资本和公众三个利益相关者之间的经济利益博弈，并对其行为进行了分析，构建了基于前景理论和感知收益矩阵的三方演化博弈模型。周亦宁和刘继才（2020）[167] 基于前景理论和有限理性假设，建立并分析了将上级政府部门的行政监管机制引入 PPP 项目的博弈收益感知矩阵，研究认为有必要考虑监管结构之外的第三方以实现有效监管。张惠琴等（2018）[168] 在前景理论的基础上，考虑了投资者在投资决策中的不完全理性状态，构建了 PPP 项目投资者投资决策的期望效用模型，与传统的期望效用理论相比，考虑前景理论的研究更适合研究 PPP 项目投资者的决策行为。

演化博弈论已被广泛用于行为策略演化机制分析应用于创建 BIM 的行为演化博弈模型采用。基于以上背景，基于预期效用的演化博弈没有考虑 PPP 项目利益相关者心理感知因素的复杂特性。显然，在有限理性的条件下，个人关于行为决策的心理感知往往具有关键影响。在 BIM 平台协同应用时，业主方、施工方、设计方会受到自身偏好和感知价值的影响。因此，本书根据前景理论，感知价值 V 由价值函数 $V(\Delta x_i)$ 和权重函数 $\pi(P_i)$ 确定，数学表达式如下式：

$$V = \sum_{i=1}^{n} V(\Delta x_i) \pi(P_i) \qquad (4-1)$$

$$V(\Delta x_i) = \begin{cases} \Delta x_i^{\alpha} & , \Delta x_i \geq 0 \\ -\lambda(-\Delta x_i)^{\beta} & , \Delta x_i < 0 \end{cases} \qquad (4-2)$$

$$\pi(P_i) = \frac{P_i^{\sigma}}{[P_i^{\sigma} + (1-P_i)^{\sigma}]^{1/\sigma}} \qquad (4-3)$$

式（4-1）~式（4-3）中，V 为决策主体对收益的感知价值，由价值函数 $V(\Delta x_i)$ 和权重函数 $\pi(P_i)$ 共同决定；Δx_i 为博弈主体选择策略实际所得与参考点所得收益的差值；P_i 为行为策略发生的概率；λ 为损失规避系数；α、β 分别为收益价值和损失价值的规避程度，$0 < \alpha, \beta < 1$；σ 为决策影响系数，且 $\pi(0) = 0$，$\pi(1) = 1$。

4.2.3　收益矩阵构建

根据前景理论和上述 4.1 中的基本假设，采用价值函数和权重函数将水利水电项目 BIM 平台协同应用过程中施工方的有关变量表示为其对应感知价值，如下式：

$$V(R_1) = \nu(R_1)\pi(1) + \nu(0)\pi(0) = R_1^{\alpha_1} \qquad (4-4)$$

$$V(-P_1)\nu(-p_1)\pi(\gamma_1)+\nu(0)\pi(1-\gamma_1)=-\lambda(P_1)^{\beta_1} \quad (4-5)$$

$$V(I_1)=\nu(i_1)\pi(1)+\nu(0)\pi(0)=I_1^{\alpha_1} \quad (4-6)$$

同理，可得到 BIM 平台协同应用过程中设计方的有关参数所对应的感知价值如下所示：

$$V(R_2)=\nu(R_2)\pi(1)+\nu(0)\pi(0)=R_2^{\alpha_2} \quad (4-7)$$

$$V(I_2)=\nu(i_2)\pi(1)+\nu(0)\pi(0)=I_2^{\alpha_2} \quad (4-8)$$

$$V(-P_2)=\nu(-p_2)\pi(\gamma_2)+\nu(0)\pi(1-\gamma_2)=-\lambda(P_2)^{\beta_2} \quad (4-9)$$

得到 BIM 平台协同应用过程中业主方对工程优化收益的感知价值如下所示：

$$V(S)=\nu(S)\pi(1)+\nu(0)\pi(0)=S^{\alpha_3} \quad (4-10)$$

根据以上基本假设以及各方的感知价值，可以构建水利水电项目 BIM 平台协同应用过程中"施工方-设计方-业主方"三方演化博弈的收益矩阵如表 4-1 所示。

表 4-1 BIM 平台协同应用三方演化博弈收益矩阵

业主方	施工方共享信息（x）		施工方不共享信息（$1-x$）	
	设计方接受（y）	设计方不接受（$1-y$）	设计方接受（y）	设计方不接受（$1-y$）
激励 （z）	$V(R_1)-C_1$	$V(R_1)-C_1$	$V(I_1)-\gamma_1 V(P_1)$	$V(I_1)-\gamma_1 V(P_1)$
	$V(R_2)-C_2$	$V(I_2)-\gamma_2 V(P_2)$	$-C_2$	$V(I_2)-\gamma_2 V(P_2)$
	$V(S)-V(R_3)$	$\gamma_2 V(P_2)-V(R_1)$	$\gamma_1 V(P_1)$	$\gamma_1 V(P_1)+\gamma_2 V(P_2)$
不激励 （$1-z$）	$-C_1$	$-C_1$	$V(I_1)-\gamma_1 V(P_1)$	$V(I_1)-\gamma_1 V(P_1)$
	$-C_2$	$V(I_2)-\gamma_2 V(P_2)$	$-C_2$	$V(I_2)-\gamma_2 V(P_2)$
	$V(S)$	$\gamma_2 V(P_2)$	$\gamma_1 V(P_1)$	$\gamma_1 V(P_1)+\gamma_2 V(P_2)$

4.2.4 复制动态方程分析

根据表 4-1 的三方演化博弈收益矩阵可以得到水利水电项目 BIM 平台协同应用中各参与主体的期望值。

首先，根据支付矩阵可以得到施工方共享信息策略 L_1 和不共享信息策略 L_2 的期望以及平均期望：

$$U_{L_1}=[V(R_1)-C_1]yz+[V(R_1)-C_1](1-y)z+(-C_1)y(1-z)$$
$$+(-C_1)(1-y)(1-z)=zV(R_1)-C_1 \quad (4-11)$$

$$U_{L_2}=[V(I_1)-\gamma_1 V(P_1)]yz+[V(I_1)-\gamma_1 V(P_1)](1-y)z+[V(I_1)-\gamma_1 V(P_1)]y(1-z)$$
$$+[V(I_1)-\gamma_1 V(P_1)](1-y)(1-z)=V(I_1)-\gamma_1 V(P_1) \quad (4-12)$$

$$U_L=xU_{L_1}+(1-x)U_{L_2} \quad (4-13)$$

进而，根据不同策略期望可得到施工方 BIM 平台协同应用策略的复制动态方程：

$$F(x) = \frac{\mathrm{d}x}{\mathrm{d}t} = x(1-x)(U_{L_1} - U_{L_2}) = x(1-x)[zV(R_1) - C_1 - V(I_1) + \gamma_1 V(P_1)]$$

$$(4-14)$$

根据复制动态方程可知:

(1) 当 $z = z^* = \dfrac{C_1 + V(I_1) - \gamma_1 V(P_1)}{V(R_1)}$, $F(x) \equiv 0$, 无论 x 怎样取值, 系统都趋于稳定状态;

(2) 当 $z \neq z^* = \dfrac{C_1 + V(I_1) - \gamma_1 V(P_1)}{V(R_1)}$, 则只有当 $x = 0$ 或 $x = 1$ 时, 有 $F(x) = 0$。

基于复制动态微分方程的稳定性定理可知, $\dfrac{\mathrm{d}F(x)}{\mathrm{d}x} < 0$ 是达到演化稳定点的必要条件, 求出 $F(x)$ 对 x 的一阶偏导数:

$$\frac{\mathrm{d}F(x)}{\mathrm{d}x} = (1-2x)[zV(R_1) - C_1 - V(I_1) + \gamma_1 V(P_1)] \qquad (4-15)$$

从而可得到

1) $z > z^* = \dfrac{C_1 + V(I_1) - \gamma_1 V(P_1)}{V(R_1)}$ 时, $\dfrac{\mathrm{d}F(x)}{\mathrm{d}x}\big|_{x=1} < 0$, $x = 1$ 是稳定点;

2) $z < z^* = \dfrac{C_1 + V(I_1) - \gamma_1 V(P_1)}{V(R_1)}$ 时, $\dfrac{\mathrm{d}F(x)}{\mathrm{d}x}\big|_{x=0} < 0$, $x = 0$ 是稳定点。

进而, 将不同主体演化博弈值域边界表示为三维空间 $\Omega = \{\omega(x,y,z) \mid 0 \leqslant x \leqslant 1, 0 \leqslant y \leqslant 1, 0 \leqslant z \leqslant 1\}$, 记平面 Q_1: $z = \dfrac{C_1 + V(I_1) - \gamma_1 V(P_1)}{V(R_1)}$。上述情况下施工方向 BIM 平台共享信息策略的动态趋势及稳定演化策略如图 4-1 所示。平面 Q_1 把空间 Ω 分为空间 Q_{11} 和 Q_{12}, 当博弈主体的初始状态在空间 Q_{11} 内时, $x = 1$ 为均衡解, 表明施工方选择不向 BIM 平台共享信息策略时受到业主方惩罚造成的经济损失大于机会主义行为带来的收益, 在导致确定性损失的情况下, 施工方选择向 BIM 平台共享信息策略; 反之当博弈主体的初始状态在空间 Q_{12} 内时, $x = 0$ 为均衡解, 此时施工方会选择不向 BIM 平台共享信息。

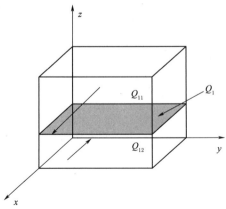

图 4-1　施工方策略演化相位图

同理，可得到水利水电项目 BIM 平台协同应用中设计方选择接收信息并基于 BIM 平台优化工程策略 M_1 和不接收信息策略 M_2 的期望以及平均期望可表示为

$$U_{M_1} = xz[V(R_2) - C_2] + (1-x)z(-C_2) + x(1-z)(-C_2) + (1-x)(1-z)(-C_2)$$
$$= xzV(R_2) - C_2 \tag{4-16}$$

$$U_{M_2} = xz[V(I_2) - \gamma_2 V(P_2)] + (1-x)z[V(I_2) - \gamma_2 V(P_2)]$$
$$+ x(1-z)[V(I_2) - \gamma_2 V(P_2)] + (1-x)(1-z)[V(I_2) - \gamma_2 V(P_2)]$$
$$= V(I_2) - \gamma_2 V(P_2) \tag{4-17}$$

$$U_M = yU_{M_1} + (1-y)U_{M_2} \tag{4-18}$$

从而，可得到设计方 BIM 平台协同应用策略的复制动态方程为

$$F(y) = \frac{\mathrm{d}y}{\mathrm{d}t} = y(1-y)(U_{M_1} - U_{M_2}) = y(1-y)[xzV(R_2) - C_2 - V(I_2) + \gamma_2 V(P_2)]$$
$$\tag{4-19}$$

根据复制动态方程可知：

（1）当 $x = x^* = \dfrac{C_2 + V(I_2) - \gamma_2 V(P_2)}{zV(R_2)}$，$F(y) \equiv 0$，无论 y 怎样取值，系统都趋于稳定状态；

（2）当 $x \neq x^* = \dfrac{C_2 + V(I_2) - \gamma_2 V(P_2)}{zV(R_2)}$，则只有 $y = 0$ 或 $y = 1$ 时，有 $F(y) = 0$；同理可知，$\dfrac{\mathrm{d}F(y)}{\mathrm{d}y} < 0$ 是系统达到演化稳定点的必要条件。求出 $F(y)$ 对 y 的一阶偏导数：

$$\frac{\mathrm{d}F(y)}{\mathrm{d}y} = (1-2y)[xzV(R_2) - C_2 - V(I_2) + \gamma_2 V(P_2)] \tag{4-20}$$

可得：

1）$x > x^* = \dfrac{C_2 + V(I_2) - \gamma_2 V(P_2)}{zV(R_2)}$ 时，$\dfrac{\mathrm{d}F(y)}{\mathrm{d}y}\Big|_{y=1} < 0$，$y = 1$ 是稳定点；

2）$x < x^* = \dfrac{C_2 + V(I_2) - \gamma_2 V(P_2)}{zV(R_2)}$ 时，$\dfrac{\mathrm{d}F(y)}{\mathrm{d}y}\Big|_{y=0} < 0$，$y = 0$ 是稳定点。

在三维空间 $\Omega = \{\omega(x,y,z) \mid 0 \leqslant x \leqslant 1, 0 \leqslant y \leqslant 1, 0 \leqslant z \leqslant 1\}$ 上，记曲面 Q_2：$x = \dfrac{C_2 + V(I_2) - \gamma_2 V(P_2)}{zV(R_2)}$，得到上述情况下的设计方接收信息策略的动态趋势及稳定演化策略如图 4-2 所示。曲面把空间 Ω 分为空间 Q_{21} 和 Q_{22}，当博弈主体的初始状态在空间内 Q_{21} 时，$y = 1$ 为均衡解，表明设计方选择不接收信息策略时受到业主方惩罚造成的经济损失大于机会主义行为带来的收益，在导致确定性损失的情况下，设计方选择接收 BIM 平台信息并优化工程；反之当博弈主体的初始状态在空间 Q_{22} 内时，$y = 0$ 为均衡解，设计方会选择不接收 BIM 信息，放弃对工程项目的优化。

同样，可得到水利水电项目 BIM 平台协同应用中，业主方选择激励设计和施工方策略 N_1 和不激励策略 N_2 的期望以及平均期望为

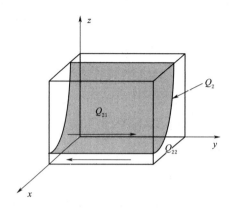

图 4 - 2　设计方策略演化相位图

$$U_{N_1} = xy[V(S) - V(R_3)] + (1-x)y[\gamma_1 V(P_1)] + x(1-y)[\gamma_2 V(P_2) - V(R_1)]$$

$$+ (1-x)(1-y)[\gamma_1 V(P_1) + \gamma_2 V(P_2)]$$

$$= xy[V(S) - V(R_3)] - x(1-y)V(R_1) + (1-x)[\gamma_1 V(P_1)] + (1-y)[\gamma_2 V(P_2)]$$

$$(4-21)$$

$$U_{N_2} = xyV(S) + (1-x)y[\gamma_1 V(P_1)] + x(1-y)[\gamma_2 V(P_2)]$$

$$+ (1-x)(1-y)[\gamma_1 V(P_1) + \gamma_2 V(P_2)]$$

$$= xyV(S) + (1-x)[\gamma_1 V(P_1)] + (1-y)[\gamma_2 V(P_2)] \qquad (4-22)$$

$$U_N = zU_{N_1} + (1-z)U_{N_2} \qquad (4-23)$$

从而可得到，业主方 BIM 平台协同应用策略的复制动态方程为

$$F(z) = \frac{\mathrm{d}y}{\mathrm{d}t} = z(1-z)(U_{N_1} - U_{N_2}) = z(1-z)x((V(R_1) - V(R_3))y - V(R_1))$$

$$(4-24)$$

根据复制动态方程可知：

（1）当 $y = y^* = \dfrac{V(R_1)}{V(R_1) - V(R_3)}$，$F(z) \equiv 0$，无论 z 怎样取值，系统都趋于稳定状态；

（2）当 $y \neq y^* = \dfrac{V(R_1)}{V(R_1) - V(R_3)}$，则只有 $z = 0$ 或 $z = 1$ 时，有 $F(z) = 0$。同理可知，$\dfrac{\mathrm{d}F(z)}{\mathrm{d}z} < 0$ 是达到演化稳定点的必要条件。求出 $F(z)$ 对 z 的一阶偏导数如式（4 - 25）所示：

$$\frac{\mathrm{d}F(z)}{\mathrm{d}z} = (1-2z)x\left[(V(R_1)-V(R_3))y - V(R_1)\right] \tag{4-25}$$

可得：

1）$y > y^* = \dfrac{V(R_1)}{V(R_1)-V(R_3)}$ 时，$\dfrac{\mathrm{d}F(z)}{\mathrm{d}z}\Big|_{z=1} < 0$，$z=1$ 是稳定点；

2）$y < y^* = \dfrac{V(R_1)}{V(R_1)-V(R_3)}$ 时，$\dfrac{\mathrm{d}F(z)}{\mathrm{d}z}\Big|_{z=0} < 0$，$z=0$ 是稳定点。

同样，在三维空间 $\Omega = \{\omega(x,y,z)\,|\,0 \leqslant x \leqslant 1, 0 \leqslant y \leqslant 1, 0 \leqslant z \leqslant 1\}$ 上，记平面 Q_3：$y = \dfrac{V(R_1)}{V(R_1)-V(R_3)}$，得到上述情况下业主方激励策略的动态趋势及稳定演化策略如图 4-3 所示。平面把空间 Ω 分为空间 Q_{31} 和 Q_{32}，当博弈主体的初始状态在空间内 Q_{31} 时，$z=1$ 为均衡解，表明业主方选择不激励策略时的收益小于选择激励策略带来的收益，业主方在 BIM 平台协同应用过程中会选择激励设计方和施工方；反之，当博弈主体的初始状态在空间 Q_{32} 内时，$z=0$ 为均衡解，即业主方会选择不给设计方和施工方提供激励。

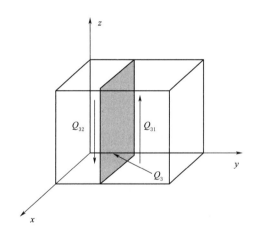

图 4-3 业主方策略演化相位图

根据上述计算分析可知，在水利水电项目 BIM 平台协同应用过程中，"施工方-设计方-业主方"三方构成的演化博弈模型，主体各自的决策不仅受自身投入成本、机会收益等因素的影响，同时也受业主方奖惩措施等其他主体决策因素的影响。

4.2.5 局部稳定性分析

基于 Friedman 的理论，综合考虑水利水电项目 BIM 平台协同应用"施工方-设计方-业主方"三方的演化稳定策略，利用雅可比矩阵的局部稳定性得到微分方程系统的演化稳定策略。相关方程组如下所示：

$$\begin{cases} F(x) = \dfrac{\mathrm{d}x}{\mathrm{d}t} = x(1-x)(U_{L_1} - U_{L_2}) = x(1-x)[zV(R_1) - C_1 - V(I_1) + \gamma_1 V(P_1)] \\[2mm] F(y) = \dfrac{\mathrm{d}y}{\mathrm{d}t} = y(1-y)(U_{M_1} - U_{M_2}) = y(1-y)[xzV(R_2) - C_2 - V(I_2) + \gamma_2 V(P_2)] \\[2mm] F(z) = \dfrac{\mathrm{d}y}{\mathrm{d}t} = z(1-z)(U_{N_1} - U_{N_2}) = z(1-z)x\{[V(R_1) - V(R_3)]y - V(R_1)\} \end{cases}$$

$$(4-26)$$

通过求解解方程组，可得到 9 个局部均衡点：$E_1(0,0,0)$，$E_2(0,1,0)$，$E_3(1,0,0)$，$E_4(1,1,0)$，$E_5(0,0,1)$，$E_6(0,1,1)$，$E_7(1,0,1)$，$E_8(1,1,1)$ 和 $E_9(x^*,y^*,z^*)$。其中，前 8 个为特殊均衡点，$E_9(x^*,y^*,z^*)$ 为混合策略均衡解。根据 Herbert Gintis 的理论，混合策略均衡点最终向纯策略演化，因此不讨论 E_9 的稳定性。为进一步判断特殊均衡点的稳定性，给出雅可比矩阵如下：

$$\boldsymbol{J} = \begin{bmatrix} \dfrac{\partial F(x)}{\partial x} & \dfrac{\partial F(x)}{\partial y} & \dfrac{\partial F(x)}{\partial z} \\[2mm] \dfrac{\partial F(y)}{\partial x} & \dfrac{\partial F(y)}{\partial y} & \dfrac{\partial F(y)}{\partial z} \\[2mm] \dfrac{\partial F(z)}{\partial x} & \dfrac{\partial F(z)}{\partial y} & \dfrac{\partial F(z)}{\partial z} \end{bmatrix} = \begin{bmatrix} (1-2x)[zV(R_1) - C_1 - V(I_1) + \gamma_1 V(P_1)] \\ y(1-y)[zV(R_2)] \\ z(1-z)\{[V(R_1) - V(R_3)]y - V(R_1)\} \end{bmatrix}$$

$$\begin{matrix} 0 & x(1-x)V(R_1) \\ (1-2y)[xzV(R_2) - C_2 - V(I_2) + \gamma_2 V(P_2)] & y(1-y)[xV(R_2)] \\ z(1-z)x[V(R_1) - V(R_3)] & (1-2z)x\{[V(R_1) - V(R_3)]y - V(R_1)\} \end{matrix}$$

$$(4-27)$$

根据 J. Maynard Smith 的演化稳定策略（Evolutionarily Stable Strategy，ESS）理论，将 8 个局部均衡点代入式（4-28），可以得到表 4-2 中对应的特征值。

表 4-2　　　　　　　　　　　　雅可比矩阵的特征值

均衡点	λ_1	λ_2	λ_3
$E_1(0,0,0)$	$-C_1 - V(I_1) + \gamma_1 V(P_1)$	$-C_2 - V(I_2) + \gamma_2 V(P_2)$	0
$E_2(0,1,0)$	$-C_1 - V(I_1) + \gamma_1 V(P_1)$	$C_2 + V(I_2) - \gamma_2 V(P_2)$	0
$E_3(1,0,0)$	$C_1 + V(I_1) - \gamma_1 V(P_1)$	$-C_2 - V(I_2) + \gamma_2 V(P_2)$	$-V(R_1)$
$E_4(1,1,0)$	$C_1 + V(I_1) - \gamma_1 V(P_1)$	$C_2 + V(I_2) - \gamma_2 V(P_2)$	$-V(R_3)$
$E_5(0,0,1)$	$V(R_1) - C_1 - V(I_1) + \gamma_1 V(P_1)$	$-C_2 - V(I_2) + \gamma_2 V(P_2)$	0
$E_6(0,1,1)$	$V(R_1) - C_1 - V(I_1) + \gamma_1 V(P_1)$	$C_2 + V(I_2) - \gamma_2 V(P_2)$	0
$E_7(1,0,1)$	$-V(R_1) + C_1 + V(I_1) - \gamma_1 V(P_1)$	$V(R_2) - C_2 - V(I_2) + \gamma_2 V(P_2)$	$V(R_1)$
$E_8(1,1,1)$	$-V(R_1) + C_1 + V(I_1) - \gamma_1 V(P_1)$	$-V(R_2) + C_2 + V(I_2) - \gamma_2 V(P_2)$	$V(R_3)$

基于 Lyapunov 等人的理论，如果局部均衡点所对应的特征值 λ_1、λ_2 和 λ_3 均具有负实部，可以得到该局部均衡点具有渐进稳定性。显然，$V(R_1)$ 和 $V(R_3)$ 大于 0，可以得到

$E_1(0,0,0)$、$E_2(0,1,0)$、$E_5(0,0,1)$、$E_6(0,1,1)$、$E_7(1,0,1)$ 和 $E_8(1,1,1)$ 不具有渐进稳定性。因此，只需要对剩余点 $E_3(1,0,0)$ 和 $E_4(1,1,0)$ 的演化结果进一步分析。

4.3 演化结果分析

在不同参数值情况下，进一步探究水利水电工程 BIM 平台协同应用过程中"施工方-设计方-业主方"三方策略选择的演化过程。根据表 4-2 特征值作出以下分析：

情况一：当 $C_1 + V(I_1) - \gamma_1 V(P_1) > 0$ 且 $C_2 + V(I_2) - \gamma_2 V(P_2) > 0$ 时，均衡点 $E_1(0,0,0)$ 对应的特征值 λ_1、λ_2 为非正，而特征值 λ_3 不满足要求，为非稳定点。即 $(0,0,0)$ 不具有渐进稳定性，对应策略 {不共享信息，不接收消息，不激励} 无法成为 ESS。

情况二：当 $C_1 + V(I_1) - \gamma_1 V(P_1) > 0$ 且 $C_2 + V(I_2) - \gamma_2 V(P_2) < 0$ 时，均衡点 $E_2(0,1,0)$ 对应的特征值 λ_1、λ_2 为非正，而特征值 λ_3 不满足要求，为非稳定点。即 $(0,1,0)$ 不具有渐进稳定性，对应策略 {不共享信息，接收消息，不激励} 无法成为 ESS。

情况三：当 $C_1 + V(I_1) - \gamma_1 V(P_1) < 0$ 且 $C_2 + V(I_2) - \gamma_2 V(P_2) > 0$ 时，均衡点 $E_3(1,0,0)$ 对应的特征值 λ_1、λ_2 和 λ_3 均具有负实部，即此时 $(1,0,0)$ 具有渐进稳定性，对应策略 {共享信息，不接收消息，不激励} 为 ESS。

情况四：当 $C_1 + V(I_1) - \gamma_1 V(P_1) < 0$ 且 $C_2 + V(I_2) - \gamma_2 V(P_2) < 0$ 时，均衡点 $E_4(1,1,0)$ 对应的特征值 λ_1、λ_2 和 λ_3 均具有负实部，即此时 $(1,1,0)$ 具有渐进稳定性，对应策略 {共享信息，接收消息，不激励} 为 ESS。

情况五：当 $V(R_1) - C_1 - V(I_1) + \gamma_1 V(P_1) < 0$ 且 $C_2 + V(I_2) - \gamma_2 V(P_2) > 0$ 时，均衡点 $E_5(0,0,1)$ 对应的特征值 λ_1、λ_2 为非正，而特征值 λ_3 不满足要求，为非稳定点。即 $(0,0,0)$ 不具有渐进稳定性，对应策略 {不共享信息，不接收消息，不激励} 无法成为 ESS。

情况六：当 $V(R_1) - C_1 - V(I_1) + \gamma_1 V(P_1) < 0$ 且 $C_2 + V(I_2) - \gamma_2 V(P_2) < 0$ 时，均衡点 $E_5(0,0,1)$ 对应的特征值 λ_1、λ_2 为非正，而特征值 λ_3 不满足要求，为非稳定点。即 $(0,0,1)$ 不具有渐进稳定性，对应策略 {不共享信息，不接收消息，激励} 无法成为 ESS；

情况七：当 $V(R_1) - C_1 - V(I_1) + \gamma_1 V(P_1) > 0$ 且 $V(R_2) - C_2 - V(I_2) + \gamma_2 V(P_2) < 0$ 时，均衡点 $E_7(1,0,1)$ 对应的特征值 λ_1、λ_2 为非正，而特征值 λ_3 不满足要求，为非稳定点。即 $(1,0,1)$ 不具有渐进稳定性，对应策略 {共享信息，不接收消息，激励} 无法成为 ESS。

情况八：当 $V(R_1) - C_1 - V(I_1) + \gamma_1 V(P_1) < 0$ 且 $V(R_2) - C_2 - V(I_2) + \gamma_2 V(P_2) > 0$ 时，均衡点 $E_8(1,1,1)$ 对应的特征值 λ_1、λ_2 为非正，而特征值 λ_3 不满足要求，为非稳定点。即 $(1,1,1)$ 不具有渐进稳定性，对应策略 {共享信息，接收消息，激励} 无法成为 ESS。

综上所述，得到水利水电工程 BIM 平台协同应用中三方演化博弈的局部稳定结果如

表 4-3 所示。

表 4-3		局部均衡点稳定性
局部均衡点	稳定性	稳 定 条 件
$E_1(0,0,0)$	不稳定	
$E_2(0,1,0)$	不稳定	
$E_3(1,0,0)$	ESS/不稳定	$C_1+V(I_1)-\gamma_1 V(P_1)<0$ 且 $C_2+V(I_2)-\gamma_2 V(P_2)>0$
$E_4(1,1,0)$	ESS/不稳定	$C_1+V(I_1)-\gamma_1 V(P_1)<0$ 且 $C_2+V(I_2)-\gamma_2 V(P_2)<0$
$E_5(0,0,1)$	不稳定	
$E_6(0,1,1)$	不稳定	
$E_7(1,0,1)$	不稳定	
$E_8(1,1,1)$	不稳定	

　　分别选择满足各情况的参数值，分别从不同初始策略组合出发，随时间演化 50 次，结果如图 4-4～图 4-11 所示。

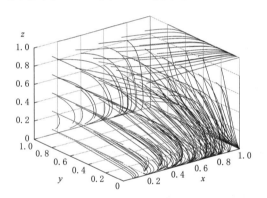

图 4-4　情况一下系统的演化路径

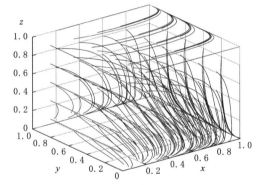

图 4-5　情况二下系统的演化路径

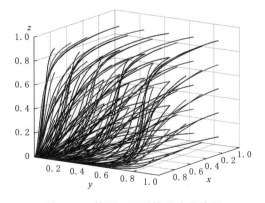

图 4-6　情况三下系统的演化路径

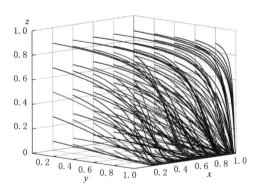

图 4-7　情况四下系统的演化路径

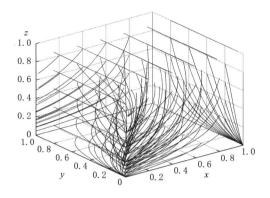

图 4-8 情况五下系统的演化路径

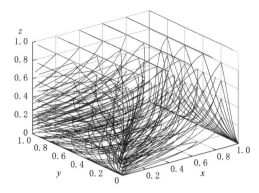

图 4-9 情况六下系统的演化路径

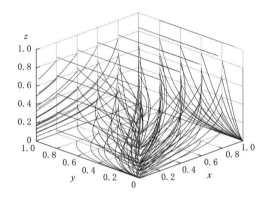

图 4-10 情况七下系统的演化路径

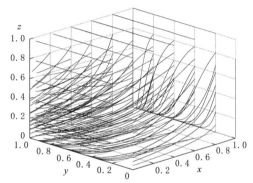

图 4-11 情况八下系统的演化路径

根据图 4-4～图 4-11，可以看到除情况三和情况四以外，其他情况的演化结果不存在 ESS，与上述推论一致。根据图 4-6 可得在满足稳定条件 $C_1 + V(I_1) - \gamma_1 V(P_1) < 0$ 和 $C_2 + V(I_2) - \gamma_2 V(P_2) > 0$ 的情况下，$(1,0,0)$ 是系统的 ESS，可以看到演化结果与上述推论一致。根据图 4-7 可以看出，在满足稳定条件 $C_1 + V(I_1) - \gamma_1 V(P_1) < 0$ 和 $C_2 + V(I_2) - \gamma_2 V(P_2) < 0$ 的情况下，系统演化收敛于 $(1,1,0)$ 点，与上述对情况四的推论一致。

由表 4-3 可知，考虑到实际情况中业主方最希望看到的结果是〔共享信息，接收消息，不激励〕，即点 $E_4 (1,1,0)$ 作为系统的 ESS，需要满足条件：$C_1 + V(I_1) - \gamma_1 V(P_1) < 0$ 且 $C_2 + V(I_2) - \gamma_2 V(P_2) < 0$。

考虑到业主方是水利水电工程 BIM 平台协同应用的最大受益者和最主要推行方，选择业主方最希望看到的结果〔共享信息，接收消息，不激励〕，即点 $E_4 (1,1,0)$ 作为系统的理想 ESS，需要满足条件：$C_1 + V(I_1) - \gamma_1 V(P_1) < 0$ 且 $C_2 + V(I_2) - \gamma_2 V(P_2) < 0$。

然而，考虑到水利水电项目 BIM 平台协同应用中三方演化博弈的实际过程中，三方主体均具有有限理性，通常过于依赖主观判断和感知价值，无法全面考虑现有信息进行决策，从而影响系统的演化过程，使其最终难以收敛到最佳状态。基于前景理论，博弈主体倾向于高估小概率损失而低估大概率收益，采用值函数和权重函数将以上条件表示为式

（4-28）和式（4-29）：

$$C_1 + I_1^{\alpha_1} - \gamma_1 \lambda (P_1)^{\beta_1} < 0 \qquad (4-28)$$

$$C_2 + I_2^{\alpha_2} - \gamma_2 \lambda (P_2)^{\beta_2} < 0 \qquad (4-29)$$

以式（4-29）为例，风险态度系数 α_1、β_1 代表施工方在博弈过程中对损益感知价值的下降程度，值越大，函数的边际递减程度越大；而损失避免系数 λ 越大，施工方等博弈主体对损失越敏感。在水利水电项目 BIM 平台协同应用的实践中，由于普遍存在的侥幸心理，施工方往往认为选择不提供信息的策略并获得机会收益的行为业主方难以发现，因而低估了被业主方发现的 γ_1 和相应的惩罚 $\lambda (P_1)^{\beta_1}$ 的值，即式（4-29）中 $\gamma_1 \lambda (P_1)^{\beta_1}$ 部分的值在实际情况下会被低估，即 $\lambda (P_1)^{\beta_1} < P_1$。此外，当施工方选择共享信息的策略时，需要付出相应获取信息的成本，而选择不共享信息的策略时有一定概率受到业主方的惩罚造成损失。因此，施工方更有可能选择不共享策略承担被惩罚的风险，而不是付出确定性成本。以上原因导致式（4-29）的条件难以实现。

4.4　模拟仿真分析

4.4.1　参数选择

为了更好地分析水利水电项目 BIM 平台协同应用中施工方、设计方和业主方之间的行为演化机制，本研究采用 MATLAB 模拟博弈中的演化趋势和影响因素，直观分析不同条件下三方的最终策略选择。

为使系统收敛至局部稳定点 $(1,1,0)$，探讨条件 $C_1 + I_1^{\alpha_1} - \gamma_1 \lambda (P_1)^{\beta_1} < 0$ 和 $C_2 + I_2^{\alpha_2} - \gamma_2 \lambda (P_2)^{\beta_2} < 0$ 下各参数对系统演化过程的影响。根据前景理论和工程实际案例，假定各参数基础值如表 4-4 所示。

表 4-4　　　　　　　　　　　参　数　基　础　值

参　数	基础值
损失避免系数 λ	0.9
施工方对收益价值的敏感系数 α_1	0.92
设计方对收益价值的敏感系数 α_2	0.92
业主方对收益价值的敏感系数 α_3	0.75
施工方对损失价值的敏感系数 β_1	0.85
设计方对损失价值的敏感系数 β_2	0.85
业主方对损失价值的敏感系数 β_3	0.95
施工方获取信息的成本 C_1	3.7

续表

参　　数	基础值
设计方接收信息并基于 BIM 平台对工程进行优化所付出的成本 C_2	4.2
施工方在不提供信息情况下可以获取的额外收益 I_1	8.8
设计方在不接收信息情况下可以获取的额外收益 I_2	9.5
施工方在共享信息情况下得到业主方奖励 R_1	9.8
优化工程后业主方给予设计方奖励额度 R_2	5.2
施工方采取机会主义行为被业主方发现的概率 γ_1	0.88
设计方不接收信息被业主方发现的概率 γ_2	0.73
业主方对施工方机会主义行为惩罚力度 P_1	35
业主方对设计方机会主义行为惩罚力度 P_2	35
施工方选择共享信息的概率 x	0.5
设计方接收信息的概率 y	0.5
业主方选择激励设计和施工方的概率 z	0.5

4.4.2 仿真结果分析

4.4.2.1 业主方发现机会主义行为的概率和惩罚对演化结果的影响

选择施工方采取机会主义行为被业主方发现的概率 γ_1 以及被发现后实际受到的处罚 P_1 和设计方采取机会主义行为被业主方发现的概率 γ_2 以及被发现后实际受到的处罚 P_2 作为演化结果的主要影响因素进行模拟仿真分析。

首先，将 P_1 赋值 30、35、40，模拟仿真得到复制动态方程组演化 20 次的结果如图 4-12 所示；同理，将 P_2 赋值 30、35、40 得到演化结果如图 4-13 所示；接着对 γ_1 分别赋值 0.78、0.88、0.98，得到仿真结果如图 4-14 所示；将 γ_2 分别赋值 0.63、0.73、0.83，得到仿真结果如图 4-15 所示。

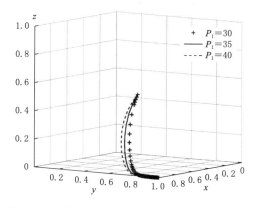
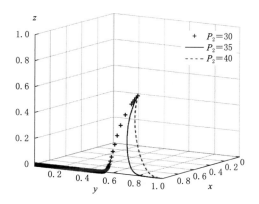

图 4-12　业主方对施工方机会主义行为处罚 P_1 　图 4-13　业主方对设计方机会主义行为处罚 P_2
　　　　　对系统演化的影响　　　　　　　　　　　　　　对系统演化的影响

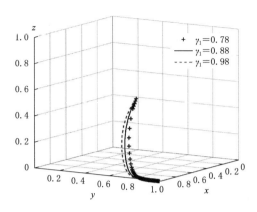

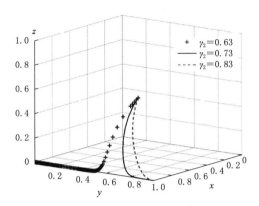

图 4-14 施工方机会主义行为被发现概率 γ_1
对系统演化的影响

图 4-15 设计方机会主义行为被发现概率 γ_2
对系统演化的影响

从图 4-12 可以看出,对于施工方而言,系统演化至稳定点 (1,1,0) 的过程中,随着 P_1 增大,系统的演化路径缩短,施工方选择分享信息策略达到演化稳定状态所需的迭代次数减少,系统向 $x=1$ 趋近并收敛于稳定点的演化速度加快;同理,从图 4-7 可以看出随着 γ_1 的增大,施工方选择分享信息的概率上升,对系统演化有着同样的效果。

根据图 4-13 可知,随着 P_2 增大,系统的演化方向由趋近于点 (0,0,0) 变为趋近于点 (1,1,0),设计方倾向于接收信息并对工程进行优化以避免受到业主方的惩罚;随着 P_2 的进一步增大,系统趋近并收敛于 $y=1$ 演化过程加快,可以得到 P_2 的临界值为 35~40,当 P_2 低于临界值时,系统收敛于点 (0,0,0),反之,系统收敛于点 (1,1,0)。

根据图 4-15 可知,随着 γ_2 的增大,系统的演化方向和演化速度发生同样的变化,可以得到 γ_2 的临界值为 0.63~0.73,γ_2 在临界值之下时,系统收敛于点 (0,0,0),反之,系统收敛于点 (1,1,0)。仿真结果表明:施工方和设计方对机会主义行为带来损失的感知越大,会由于过高的风险而放弃采取机会主义行为。

4.4.2.2 施工方的损益以及感知价值对演化结果的影响

选择施工方获取信息的成本 C_1 为演化结果的影响因素进行模拟仿真分析。将 C_1 分别赋以 2.7、3.7、4.7,模拟仿真得到复制动态方程组演化 20 次的结果如图 4-16 所示。

根据图 4-16 可知,在系统收敛于稳定点 (1,1,0) 的过程中,随着施工方获取信息的成本 C_1 的减小,系统趋近于点 (1,1,0) 的速度有所提升。结果表明:施工方获取信息的成本越小,其越倾向于选择向设计方分享信息。

接着,选择施工方对收益价值和损失价值的敏感系数 α_1、β_1 为演化结果的主要影响因素进行模拟仿真分析。首先,将 α_1 分别赋以 0.85、0.92、0.98,模拟仿真得到复制动态方程组演化 20 次的结果如图 4-17 所示;接着对 β_1 赋值 0.75、0.85、0.95,得到仿真结果

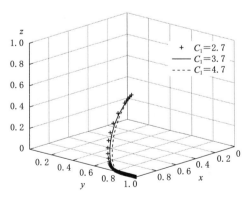

图 4-16 施工方获取信息的成本 C_1
对系统演化的影响

如图 4 - 18 所示。

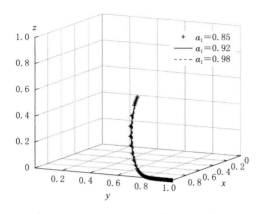

图 4 - 17　施工方收益价值规避程度 α_1
对系统演化的影响

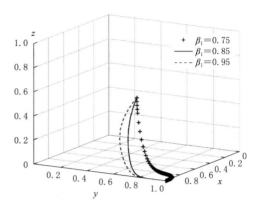

图 4 - 18　施工方损失价值规避程度 β_1
对系统演化的影响

由图 4 - 17 可知，在演化过程中，随着施工方对收益感知价值的敏感系数 α_1 的减小，施工方选择共享信息的概率显著增大，系统趋近于点（1，1，0）的速度有所提升；而根据图 4 - 18，随着施工方对损失感知价值的敏感系数 β_1 的增大，施工方选择共享信息的演化路径凹凸性发生改变，系统趋近于点（1，1，0）的速度显著提升，改变的临界值为 0.75～0.85。结果表明：施工方对于机会主义行为带来的收益敏感程度越小，其更倾向于选择共享信息；而施工方对于机会主义行为带来的损失敏感程度越大，其更倾向于选择共享信息。

4.4.2.3　设计方的损益以及感知价值对演化结果的影响

选择设计方接收信息并优化的成本 C_2 为演化结果的影响因素进行模拟仿真分析。将 C_2 分别赋以 3.2、4.2、5.2，模拟仿真得到复制动态方程组演化 20 次的结果如图 4 - 19 所示。

根据图 4 - 19 可知，在系统收敛于稳定点（1，1，0）的过程中，随着设计方接收信息并优化的成本 C_2 的减小，系统趋近于点（1，1，0）的速度有所提升。结果表明：设计方接收信息并优化的成本越小，其越倾向于选择接收信息并基于 BIM 平台对工程进行优化。

接着，选择设计方在不接收信息情况下可以获取的额外收益 I_2 为演化结果的影响因素进行模拟仿真分析。将 I_2 分别赋以 8.2、9.2、10.2，模拟仿真得到复制动态方程组演化 20 次的结果如图 4 - 20 所示。

根据图 4 - 20 可知，在系统收敛于稳定点（1，1，0）的过程中，随着 I_2 的减小，系统趋近于点（1，1，0）的速度有所提升。结果表明：施工方在不提供信息情况下可以获取的额外收益越小，其越倾向于选择向设计方分享信息。

最后选择设计方对收益价值和损失价值的敏感系数 α_2、β_2 为演化结果的主要影响因素进行模拟仿真分析。首先，将 α_2 分别赋以 0.85、0.92、0.98，模拟仿真得到复制动态方程组演化 20 次的结果如图 4 - 21 所示；接着对 β_2 赋值 0.75、0.85、0.95，得到仿真结果如图 4 - 22 所示。

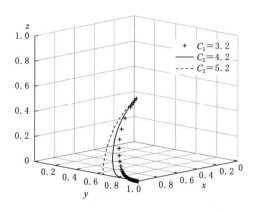

图 4-19　设计方接收信息并优化的成本 C_2
对系统演化的影响

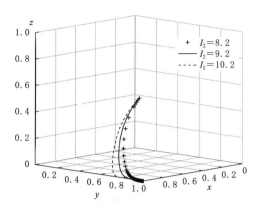

图 4-20　设计方在不接收信息情况下
可以获取的额外收益 I_2 对系统演化的影响

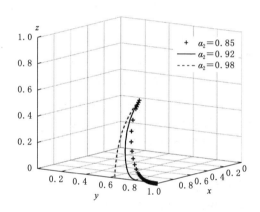

图 4-21　设计方收益价值规避程度
α_2 对系统演化的影响

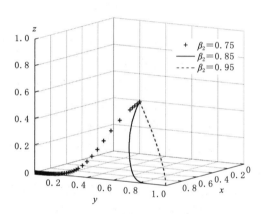

图 4-22　设计方损失价值规避程度
β_2 对系统演化的影响

根据图 4-21 可知，在系统收敛于稳定点（1,1,0）的过程中，随着设计方对收益感知价值的敏感系数 α_2 的减小，系统趋近于点（1,1,0）的速度有所提升。由图 4-22 可以得到：随着施工方对损失感知价值的敏感系数 β_2 的增大，系统趋近方向由点（0,0,0）变为点（1,1,0），可以得到 β_2 的临界值为 0.75～0.85，当 β_2 低于临界值时，系统收敛于点（0,0,0），反之系统收敛于点（1,1,0）。结果表明：设计方对于机会主义行为带来的收益敏感程度越小，其越倾向于选择接收信息并优化工程。

4.4.2.4　各方策略选择的初始概率对演化结果的影响

选择施工方选择共享信息的概率 x 为演化结果的影响因素进行模拟仿真分析，将 x 分别赋以 0.25、0.5、0.75，模拟仿真得到复制动态方程组演化 20 次的结果如图 4-23 所示。选择设计方接收信息的概率 y 为演化结果的影响因素进行模拟仿真分析，将 y 分别赋以 0.25、0.5、0.75，模拟仿真得到复制动态方程组演化 20 次的结果如图 4-24 所示。选择业主方选择激励设计和施工方的概率 z 为演化结果的影响因素进行模拟仿真分析，将 z 分别赋以 0.25、0.5、0.75，模拟仿真得到复制动态方程组演化 20 次的结果如图

4-25 所示。

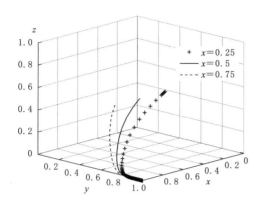

图 4-23 施工方选择共享信息的概率
x 对系统演化的影响

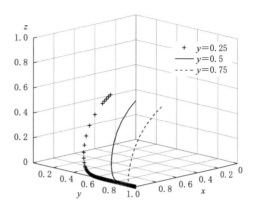

图 4-24 设计方接收信息的概率
y 对系统演化的影响

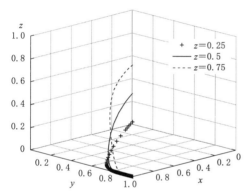

图 4-25 业主方选择激励设计
和施工方的概率 z 对系统演化的影响

根据图 4-23 可知，在系统收敛于稳定点 $(1,1,0)$ 的过程中，随着施工方选择共享信息的概率 x 的提高，系统趋近于点 $(1,1,0)$ 的速度有所提升。结果表明：施工方选择共享信息的初始概率越高，越利于系统演化趋近于局部均衡点〔施工方共享信息，设计方接收信息，业主方不激励〕。

根据图 4-24 可知，在系统收敛于稳定点 $(1,1,0)$ 的过程中，随着设计方接收信息的概率 y 的提高，系统趋近于点 $(1,1,0)$ 的速度有所提升。结果表明：设计方选择接收信息的初始概率越高，越利于系统演化趋近于局部均

衡点〔施工方共享信息，设计方接收信息，业主方不激励〕。

根据图 4-25 可知，在系统收敛于稳定点 $(1,1,0)$ 的过程中，随着业主方选择激励设计和施工方的概率 z 的减小，系统趋近于点 $(1,1,0)$ 的速度有所提升。结果表明：业主方选择激励的初始概率越小，越利于系统演化趋近于局部均衡点〔施工方共享信息，设计方接收信息，业主方不激励〕。

4.5 本 章 小 结

BIM 作为建筑业革命性新技术，其有效应用需要参建各方的协同协作。本章基于价值共创的视角，利用演化博弈理论和前景理论，通过演化博弈分析和模拟仿真分析探究水利水电工程 BIM 平台协同应用演化博弈过程以及影响系统稳定的关键要素。通过研究，得到的主要结论有：

（1）在水利水电工程 BIM 平台的协同应用下，反映业主方、设计方和施工方三方决策的演化博弈模型中存在理想的具有渐进稳定性的局部均衡点｛施工方共享信息，设计方接收信息，业主方不激励｝。

（2）业主方可以通过采取寻求质量咨询服务或强化自身管理能力提高对施工方和设计方机会主义行为的发现概率，也可在发现后提高对机会主义行为的处罚力度，推动系统演化趋向于"施工方共享信息，设计方接收信息，业主方不激励"的理想结果。

（3）通过事前宣传以及有关知识培训等手段，可以提高收益感知价值敏感程度并降低损失感知价值敏感程度，可以使施工方更倾向于规避受到惩罚的风险而选择积极共享信息，而设计方更倾向于放弃机会主义行为而采取积极优化策略，进一步保证工程质量，提高各方的合规收益，成功实现水利水电项目的价值共创。研究结果能够为水利水电工程 BIM 平台协同应用实践提供理论支撑，从而通过水利水电工程 BIM 平台协同应用的价值共创行为，提升工程项目建设的整体效益。

在水利水电工程 BIM 平台的协同应用演化中，各方利益相关者需要共同努力，通过合作和协商来实现共同的目标和利益最大化。只有这样，才能真正实现水利水电工程 BIM 平台的协同应用价值，为水利水电工程的可持续发展作出贡献。

第5章 水利水电项目BIM平台信息 供给激励机制

信息是BIM平台应用的基础和关键，水利水电项目BIM平台构建完成后有效应用的基础是参建各方能够积极向BIM平台提供项目信息/数据。然而，在委托-代理机制下，传统观念认为共享关键信息与企业自身利益最大化存在矛盾。水利水电项目建设过程中，承包人往往不愿意向BIM平台提供项目关键信息，从而使得BIM平台的价值难以得以充分发挥。因此，水利水电项目BIM平台构建完成后，运行阶段信息/数据的获取问题也需要有效解决。为促使参建各方积极向BIM平台提供项目信息，客观上需要发包人/业主建立相应的BIM平台信息供给激励机制，以激励参建各方积极向BIM平台提供项目实际信息。本书主要研究水利水电项目BIM平台在项目建设阶段的应用。因此，本章将从发包人的视角，针对水利水电项目建设过程中施工阶段信息优势最为显著的施工承包人，基于委托-代理理论，研究水利水电项目BIM平台信息供给激励机制的构建。❶

5.1 水利水电项目信息传递路径与BIM平台信息供给困境

5.1.1 水利水电项目建设委托-代理关系

委托-代理理论（principal-agent theory）源于"专业化"分工，随现代企业所有权与控制权分离而产生，是新制度经济学的重要内容。其主要内容是生产主体根据明示或隐含的契约，指定或雇佣其他经济主体为其提供服务，同时授予其一定的权利，并根据服务提供者提供服务的数量和质量给予其相应的报酬。其中，授权者为委托人（agent），被授权者为代理人（principal）。委托-代理理论建立的基础是非对称信息博弈（asymmetric information game theory）。通常情况下，委托-代理关系中代理人会拥有不被委托人所拥有的信息，这类信息称为非对称信息（symmetric information）。由于非对称信息的存在，代理人相对于委托人具有相对的信息优势，这也往往会使得委托人面临来自代理人的"道德风险"（moral hazard）等问题。

现代水利水电工程项目建设过程中，从项目立项到实施均采用专业化运作方式，即由业主方委托专业化队伍来完成工程项目建设的各类任务，包括工程设计、施工、监理、咨询、原材料供应等，并借助于工程合同来规范项目发包人/业主方与项目其他参与各方的

---

❶ 本章核心内容已发表至 Journal of Asian Architecture and Building Engineering，详见论文 Mechanism to motivate information sharing behavior on the BIM platform for construction projects。

行为。因此，水利水电工程项目建设过程中，项目发包人/业主方与承包方（施工、设计、监理、咨询等）之间存在典型的"委托-代理"关系。其中，项目发包人/业主为委托人，承包方（施工方、设计方、监理方、咨询方等）为代理人。作为委托人，发包人负责制定项目需求和计划。作为代理人，承包方则具体负责项目的实施。承包方通过项目实施从作为委托人的业主方处获得相应的报酬。且项目实施过程中，承包方掌握着更多项目实施的信息，相对于发包人（业主方）具有信息优势。与此同时，由于水利水电项目建设环境复杂、不确定性大的特点，使得承包人和发包人之间信息的不对称程度更高。传统建设模式下，水利水电工程项目建设典型的委托-代理关系如图 5-1 所示。

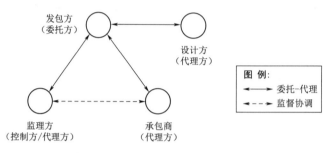

图 5-1　水利水电工程项目建设典型的委托-代理关系

如图 5-1 所示，水利水电工程建设实施过程中，发包人与承包人（施工承包商、设计方、监理方、咨询单位等）之间存在典型的委托-代理关系，且通过合同来联系委托代理双方，明确委托代理双方权益和义务等。其中，发包人与施工承包商之间的合同为承包类合同；业主方与设计方、监理方、咨询单位之间的合同为咨询类合同。监理方承担控制方的角色，控制方（监理单位）与承包商之间并无直接的合同关系，他们分别依据其与发包人签订的合同展开工作，包括控制方对承包商工作的监督与协调，承包商应接受控制方的这种监督，并协同其工作。

委托-代理关系中，由于委托人与代理人之间信息的不对称，使得委托人不能完全观察和监督代理人的行为，从而会导致所谓"道德风险"问题的产生。也就是，交易双方信息的不对称往往会导致具有信息优势一方的机会主义行为，并且信息不对称程度越高，代理人机会主义行为发生的概率越高。在水利水电工程建设过程中，由于承包方作为代理人相对业主方具有一定信息优势，其可能会利用这一信息优势在损害发包人利益的情况下追求自身利益的最大化。

5.1.2　基于委托-代理的水利水电工程建设信息传递路径分析

工程项目建设的过程也是信息不间断流通和传递的过程。水利水电工程建设过程中，从工程全生命期来看，信息的传递可分为纵向传递和横向传递。纵向传递指水利水电工程建设不同阶段间信息的流动和传递，横向传递指某一阶段内不同参与主体之间信息的传递和流动。根据《水利工程建设程序管理暂行规定（2019 修正）》，水利水电工程建设基本程序一般包括：项目建议、可行性研究、施工准备、初步设计、建设实施、竣工验收、后评价等阶段。工程建设完成并通过验收后即可进入运行维护阶段。随着水利水电工程项目建设的不断深入，建设过程中产生的信息逐渐积累，信息在工程全生命周期内整体上由上一个阶段逐渐传递到下一个阶段。例如设计阶段的信息向施工阶段传递，施工阶段信息向运行维护阶段传递等。但是，传统工程项目建设过程中，由于信息载体、存储手段等主观或客观原因，往往致使工程项目建设不同阶段信息传递会存在一定的损失。水利水电工程项目建设全生命周期信息信息传递如图 5－2 所示。

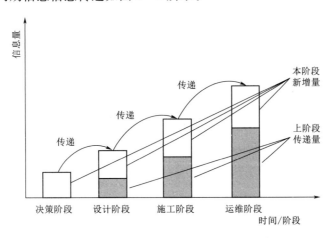

图 5－2　水利水电工程项目建设不同阶段之间信息流动

对于信息的横向传递和流动，相对而言较为复杂。其中在整个水利水电工程建设过程中，施工阶段参与方众多，参与主体之间信息流动和传递过程最为复杂，且不同参与主体之间的信息传递不能忽略。同时，水利水电工程施工过程中也是水利水电项目 BIM 平台应用及平台内信息积累的关键阶段。因此，本书重点研究施工阶段水利水电项目 BIM 平台的应用问题，在此也主要分析水利水电工程建设施工阶段信息的流动和传递路径。为对比分析 BIM 平台构建前后信息流动和传递路径的差异，下文将分别分析传统模式下水利水电项目建设施工阶段信息流动传递路径以及基于 BIM 平台的水利水电项目建设信息传递路径。

5.1.2.1　传统方式下水利水电项目施工阶段信息传递路径

水利水电工程建设过程中，施工阶段参与主体众多，包括业主、施工方、设计方、监理方、咨询方、机电设备制造商以及材料供应商等。作为独立的参与主体，参与各方之间分工协作，分别负责自身对应的工程项目建设任务。与此同时，委托-代理机制下，相对于其他参与主体，各参与主体均有自己独有的信息优势。因此，工程项目建设过程中各参与主体均可以是信息的提供者。由于信息是双向流动的，各参与方同时也可能是信息的接受使用者。传统模式下，水利水电项目建设主要采用书面形式以纸质文函、二维图纸等形式来传递信息，且信息往往是点对点的传递。例如设计方将设计方案/图纸等信息呈交给业主方，业主方将设计信息传递给施工方，施工方将自身的施工信息传递给监理方，监理方信息传递给业主方等。在此过程中形成了较为复杂的信息传递链，典型的信息传递链如图 5－3 所示，并由信息传递链形成复杂的信息交互网络，如图 5－4 所示。

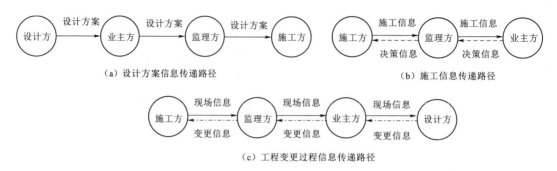

（a）设计方案信息传递路径　　　　　　（b）施工信息传递路径

（c）工程变更过程信息传递路径

图 5-3　水利水电项目建设过程中信息传递链

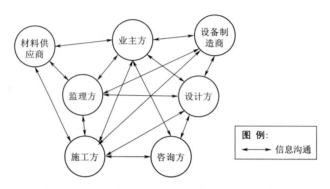

图 5-4　水利水电工程建设过程中传统模式下可能的信息交互网络

图 5-3（a）表示正常情况下水利水电项目设计信息传递路径，即工程进入施工阶段后，设计方依据供图计划将详细设计方案/图纸等分批逐次交给项目业主，业主再将设计方案/图纸转交给监理方，监理方再将设计方案/图纸下达给指定的施工方，最终由施工方根据设计方案/图纸进行工程的施工建设。

图 5-3（b）表示水利水电项目建设一般施工过程信息的传递路径。水利水电项目建设过程中，施工过程中的施工信息由施工方传递给监理方，再由监理方传递给业主方；业主方可根据施工方所提供的信息作出相应决策并对施工方作出回复，此时业主方首先将决策信息传递给监理方，监理方在收到业主方决策信息后再将信息传递给施工方，施工方最后根据业主方的决策信息进行工程项目建设。

此外，水利水电工程施工过程中，由于建设条件和建设环境较为复杂，工程项目建设过程中往往面临较大的不确定性，施工过程中也常常会不可避免地存在大量变更。图 5-3（c）表示水利水电工程建设过程中工程项目变更过程信息传递的路径。当施工方在施工过程中发现工程边界条件发生变化需要变更设计方案时，施工方会将工程实际信息传递给监理方，监理方在接收到施工方信息后会将这一信息传递给业主方，再由业主将信息传递给设计方，最终由设计方依据工程实际情况对设计方案作出调整。工程设计方案调整完成并经业主方确认后，设计方会将设计方案调整信息传递给业主方，业主方转交给监理方，最终由监理方转交给项目施工方，施工方在收到工程设计方案调整信息后会根据调整后的方案进行工程项目的建设实施。

显然，水利水电工程建设过程中，一方面，传统以书面文函、二维图纸来传递信息的方式下，信息传递链/路径较长，信息传递效率较低。信息具有时效性，信息不能及时传递会使得信息的利用价值降低；另一方面，传统以书面文函及图纸信息传递方式下，信息可表达空间有限，信息往往难以直观形象展示，信息完整性和可理解性也很难得以保证，从而也会降低传递信息的利用价值。

5.1.2.2 基于 BIM 平台的水利水电项目施工阶段信息传递路径

水利水电工程建设过程中，可以以项目为对象构建项目级 BIM 协同应用平台。水利水电项目 BIM 平台的构建，可以为工程项目建设过程中参建各方信息共享及高效利用创造条件。同样，BIM 平台的有效应用也能够改变水利水电工程建设过程中参建各方之间沟通的方式，以及信息传递的路径。水利水电项目建设过程中，以项目 BIM 平台为中心，参建各方既可以向 BIM 平台提供信息，同样也可以从 BIM 平台获取相应信息。信息传递和流动往往是双向的。因此，在水利水电工程项目建设施工阶段，每个参与主体均可能承担着信息提供者和信息使用者两种角色。每个参与主体都可以是信息的提供者，也可能是信息的接收和使用者。但相对而言，施工承包人所具有的信息优势更为明显，更倾向于担任信息的提供者的角色。而项目业主和设计方更倾向于承担信息的接收者和使用者的角色，业主方主要接收工程项目建设相关的信息，设计方应接收和使用工程项目建设过程中施工条件变化的信息（如地质条件变化、设计漏洞信息等）。水利水电项目建设过程中，基于 BIM 平台的信息传递路径分析如图 5-5 所示。

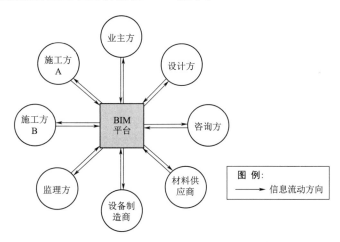

图 5-5　水利水电项目建设过程中基于 BIM 平台的信息传递路径

相对于传统的以书面文函、二维图纸为主的信息传递模式，水利水电项目 BIM 平台的构建能够缩短信息传递的路径、提高信息传递效率，从而提升信息的利用价值；与此同时，BIM 平台的有效应用能够打破专业壁垒，减少信息孤岛。当工程本身信息进行变化时，各个主体、专业的信息及时更新，可实现多主体协同协作，提高信息反馈效率。再者，基于三维数字模型的 BIM 平台的有效应用还能够拓宽项目信息可表达空间，降低信息传递的损失，信息可以更为直观、完整地得以表达和传递，从而能够提升信息的利用价值。并且在相应机制保障下，基于 BIM 平台可以快速便捷地对工程建设过程中的信息加以利用，基于项目实际信息及时做出最优决策，从而真正做到信息为工程建设所用的目的，能够有效提升水利水电工程建设的整体效益。

5.1.3　水利水电项目 BIM 平台信息供给困境

如上文所述，水利水电项目 BIM 平台的构建能够拓宽项目信息可表达的空间、改善信息传递路径、提升信息传递效率，其有效应用能够提升工程建设的整体效益。但是，还应看到，水利水电项目 BIM 平台的有效应用需要参建各方积极向 BIM 平台提供信息/数据。工程项目实践中，委托-代理机制下，作为独立法人，传统观念认为提供关键信息与自身利益最大化相悖，参建各方往往不愿意向 BIM 平台提供项目关键信息。水利水电项目 BIM 平台运行阶段将面临信息/数据支持的问题。因此，在此基于不完全契约理论，结合发包人和承包人目标差异进一步分析水利水电项目 BIM 平台信息供给困境。

5.1.3.1　水利水电项目建设合同的不完全性

不完全契约理论，即 GHM（Grossman-Hart-Moore）理论/模型或称所有权-控制权模型，由 Grossman 和 Hart（1986）、Hart 和 Moore（1990）创立。所谓合约的不完全性是指合约不可能做到完备的程度。Hart[169] 从三个方面解释了合约的不完全性：第一，在复杂的、十分不可预测的世界中，人们很难想得太远，并为可能发生的各种情况都做出计划；第二，即使能够做出计划，缔约各方也很难找到一种共同的语言来描述各种可能情况和行为，并就这些计划达成协议；第三，即使各方可以对将来进行计划和协商，他们也很难用下面这样的方式将计划写下来：在出现纠纷的时候，外部权威（如法院），能够明确这些计划是什么意思并强制加以执行。

现实经济活动中充满了不确定性，一方面，由于人的有限理性，人们不可能预测到未来可能发生的一切事情，并在合约中对交易各方在各种可能情况下的责、权、利作出明确界定；另一方面，即便是能够这样做，这样做的缔约成本也将会非常高。因此，由于现实环境因素的不确定性、人的有限理性以及合同缔约成本等的限制，一项合同不可能列明交易过程中所可能涉及的一切相关事项。

在市场经济环境下，专业化分工的存在，使得水利水电工程建设实施过程成为一个交易的过程，且具有"先订货，后生产"及"边生产，边交易"的特点。显然，在这一交易的过程中合同是连接发包人和各专业化承包人（设计方、施工方、监理方、咨询方、材料设备供应商等）的纽带。由于水利水电工程建设周期长、规模庞大、建设过程十分复杂、影响因素众多、建设条件和建设环境存在较大不确定性，因此水利水电项目建设合同不可能列出项目建设过程中所可能涉及的各种情况以及各种情况的解决办法，即水利水电项目建设合同具有不完全性。

正是因为合同的不完全性，才决定了水利水电工程项目建设合同签订时，发包人不可能对水利水电项目 BIM 平台协同应用过程中就其期望承包人能够提供的全部信息进行罗列，并作出明确而详细的要求。发包人只能以激励的形式激励参建方在工程建设过程中积极主动向项目 BIM 平台提供信息，从而基于信息的高效利用最大化实现 BIM 平台的价值，以提升水利水电工程建设的整体效益。

5.1.3.2 发包人/业主方与承包人目标的差异

市场专业化分工情形下，水利水电工程项目建设过程中，发包人/业主会就工程项目建设与各专业分包商签订合同，委托其完成相应工程建设或咨询任务。发包人作为委托人负责制定相应计划和需求，承包人（设计方、施工方、监理方等）作为代理人具体负责工程项目的实施，并从作为委托人的业主处获得相应支付，两者之间存在信息不对称的委托-代理关系。作为独立的经济实体，委托代理双方的出发点和目标不同，因而会导致业主方与承包人之间目标的差异。

对水利水电工程发包人/业主而言，其往往是工程的拥有者或工程建设完成后的使用管理者，其会从项目整体角度出发追求项目整体效益的最大化。因此，作为委托人，业主方希望承包人能够努力工作，在水利水电工程建设过程中积极向 BIM 平台提供项目实际信息，并通过对 BIM 平台及平台内信息的有效利用，使得项目能够得以优化。从而实现在保证项目质量的前提下，尽可能降低水利水电工程造价、缩短建设工期等，以实现项目建设总体效益的最大化。具体而言，发包人的目标就是在保证工程建设质量和功能等目标的前提下，通过 BIM 平台的构建和有效应用，尽可能降低工程造价、缩短工程建设周期，从而降低水利水电项目建设过程的总支付。

对承包人而言，作为独立的经济主体，其追求的是自身利益的最大化，以自身利益最大化为目标。作为代理人，承包人负责工程的具体建设任务，并从作为委托人的业主方处获取报酬。业主方的支付，对承包人而言极有可能就是其收益。因此，承包人虽然具有信息优势，但这一信息优势也正是其谋求自身利益最大化的关键。且承包人往往具有机会主义动机，在利益驱使下其甚至会利用信息优势通过损害业主方的利益来增加自身的收益。特别是，近年来随着工程建设市场竞争的日益激烈，承包人报价利润空间被不断挤压，承包人常常会利用建设过程中自己拥有的信息优势通过低价中标高价结算的方式来攫取利益。因此，水利水电工程建设过程中，承包人向 BIM 平台提供关键信息极有可能会使其丧失一定的盈利机会。此外，承包人信息的生产和提供也需要一定的成本。因而，承包人虽然具有信息优势，但其往往不会主动向 BIM 平台提供自己所掌握的关键信息，甚至会刻意隐瞒项目真实信息，以实现自身利益的最大化。

显然，业主方关注项目整体效益最大化，承包人关注自身利益最大化，业主方的支付正是承包人的利益所在，且作为代理方的承包人所具有的信息优势也正是承包人扩大这一支付的关键所在。因此，水利水电工程建设过程中作为委托人的业主方和作为代理人的承包人的目标并不一致。在没有任何形式的激励措施下，具有信息优势的承包人不会主动向 BIM 平台提供自己所掌握的关键信息。

5.1.3.3 水利水电项目 BIM 平台信息供给困境与激励

如上文分析所述，作为独立法人，承包人以追求自身利益最大化为目的，具有机会主义动机。所谓的机会主义行为（opportunistic behavior）是指在信息不对称的情况下，代理人不完全如实地披露所拥有的信息并利用其从事其他损人利己的行为。因此，水利水电工程建设过程中，承包人为了自身利益存在隐藏信息的动机。从信息传递的角度来看，如果代理人能够从信息保密中获得更大的效用，那么他将不会主动披露/提供自己所掌握的信息。同样，如果信息的获取和提供是有成本的，而信息提供的结果不能抵消这一信息获取的成本，代理人同样也不会主动去披露自己所掌握的信息；反之，如果代理人在披露/提供私人信息的过程中可以获得收益或激励，且这一收益足以抵消信息披露/提供的成本，那么代理人就有兴趣去披露/提供这一私人信息。

水利水电工程建设委托-代理关系下，各承包人相对发包人虽然具有信息优势，但关键信息的披露与其自身利益最大化存在矛盾。在没有任何激励的情形下，掌握信息较多的承包人不会有动机主动向 BIM 平台提供项目关键信息，从而使得 BIM 平台的价值难以充分发挥。再者，由于合同不完备性的存在，使得发包人不可能就 BIM 平台有效应用对期望承包人能够提供的所有信息进行罗列，并作出详细要求。因此，水利水电项目 BIM 平台构建完成后运行阶段将面临 BIM 平台信息/数据获取的问题。

水利水电项目 BIM 平台应用诉求（需要承包人积极向 BIM 平台提供项目实际信息/数据）与工程实践承包人信息分享意愿存在矛盾，因此需要建立相应激励机制予以调和。根据激励理论，只有代理人获得的收益大于其他同等条件下的收益时，代理人才愿意付出努力。发包人/业主是 BIM 技术应用最大的受益者。因而，水利水电项目 BIM 平台构建完成之后，发包人面临的问题便是如何设计有效的激励机制以提升承包人信息提供的意愿，使其能够积极主动向项目 BIM 平台提供自己所掌握的关键信息。这是水利水电项目 BIM 平台能够得以有效应用，BIM 平台价值能够得以充分发挥的基础。水利水电项目 BIM 平台信息供给激励解析如图 5-6 所示。

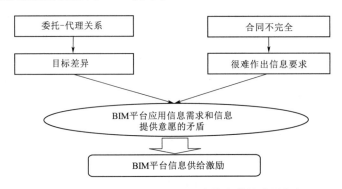

图 5-6　水利水电项目 BIM 平台信息供给激励解析

5.2　水利水电项目 BIM 平台信息供给成本分析

信息/数据是水利水电项目 BIM 平台应用的基础和关键，水利水电工程建设过程中，项目 BIM 平台的有效应用需要参建各方积极向 BIM 平台提供自己所掌握的项目实际信息。但是，对承包人而言信息的生产与提供是有成本/代价的，其中不仅包含信息获取/生产过程中人工、材料或机械使用等的信息获取/生产成本，同时还包含因信息提供而丧失获利可能的机会成本。本书将承包人向 BIM 平台提供信息的生产成本以及机会成本统称为水利水电项目 BIM 平台信息供给成本。

5.2.1 信息生产成本

随着生产效率提升的需要，企业分工日趋细化，随之也就产生了委托-代理的生产关系。由于委托-代理关系的产生，使得信息不对称问题也随之出现。通常情况下，在生产过程中，委托人为节约时间、提升效率或减少决策所带来的风险，往往会委托代理人搜集相应信息。此时，对委托人而言，其需要付出相应的信息获取/生产成本。对于代理人而言，其能够较为容易地获取相关信息，但信息的搜集获取也需要付出相应成本，该成本可以看作是代理人的信息生产成本。

水利水电工程建设过程中，基于项目 BIM 平台，通过信息的有效利用可以提升工程建设的整体效益。信息是水利水电项目 BIM 平台应用的基础和关键，水利水电项目 BIM 平台最大价值的发挥客观上需要承包人积极向 BIM 平台提供项目实际信息/数据。然而，对于承包人而言，其虽然具有相对的信息优势，能够获取项目建设过程中更多的信息/数据，但其信息/数据的获取、整理与提供也需要付出一定成本，如人工、材料或机械使用等的成本，在此可以将其视作信息的生产成本。信息生产成本可以直观地观测到，并能够以货币的形式来度量。本书用 DC 表示承包人向水利水电项目 BIM 平台提供信息的生产成本。

5.2.2 信息的机会成本

信息具有价值发现功能，信息的价值与信息隐藏（不对称）程度相关。通常情况下，对信息生产主体而言，信息隐藏/不对称程度越高其价值越大；信息完全公开则会失去其应有的价值。这是不对称信息价值发挥功能的根本。此外，信息具有多用途性，代理人可以从隐藏信息中获得其他利益，这也是所谓"道德风险"问题产生的原因。因此，对信息的生产者而言，信息的披露/提供不仅包含了信息生产的成本，与此同时还包含信息披露/提供存在的丧失其他获利可能的机会成本。

所谓机会成本（opportunity cost）一般指企业为从事某项经营活动而放弃另一项经营活动的机会，或利用一定资源获得某种收入时所放弃的另一种收入。机会成本产生的原因是由于资源的多用途性和有限性，多用途性决定了资源利用产生效益的多样性；有限性决定了资源用途选择的唯一性。信息是一种极其重要的资源。对于承包人而言，水利水电工程建设过程中，如果其选择向 BIM 平台提供信息，势必就会丧失不提供信息时所可能产生的收益，从而带来一定的机会成本。在此，水利水电项目 BIM 平台信息供给/提供的机会成本可以指承包人由于向 BIM 平台提供信息而丧失利用该信息从事其他活动（不向 BIM 平台提供信息）所可能产生的最大收益。

机会成本是企业或个人做出一种选择后所面临的不做该选择所可能获得的最大收益，显然机会成本的大小可以用其余选择中对应所可能取得的最大收益来度量。设某一资源有 X_1, X_2, $\cdots$, X_n 种不同的利用途径，对应各种用途的可能收益分别为 P_1, P_2, $\cdots$, P_n，则资源用作 X_i 用途的机会成本 $OC_{X_i} = \max(P_j)$, $j=1, 2, \cdots, n$, 且 $j \neq i$。对于水利水电工程建设而言，承包人向 BIM 平台提供信息的机会成本主要包括两部分：一是因为关键信息的提供导致自身应有收益减少额，例如由于向 BIM 平台提供信息导致工程项目施工工程量的减少而致使其合同原有收益的降低；二是因为向 BIM 平台提供信息而导致的承包人潜在可能盈利机会的消失，如工程项目建设过程中施工承包人利用信息的不对称通过变更索赔等手段追求额外收益的机会等。对于第一类机会成本较为容易通过对比分析计算得到，而第二类机会成本则较难测量，但是第二类机会成本往往伴随承包人不道德或不诚信的行为，且较难实现。因此，在考虑承包人向 BIM 平台提供信息的机会成本时，可主要考虑承包人第一类机会成本，对于第二类机会成本可以适当根据具体情况酌情给予考虑。本书中用 OC 表示承包人向水利水电项目 BIM 平台提供信息的机会成本。

此外，根据委托-代理理论，最优合同激励机制设计时，应保证代理人的激励收益大于其代理行为的机会成本[170]。对于水利水电项目 BIM 平台信息供给激励机制的设计，首先应保证承包人向 BIM 平台提供关键信息时的收益不小于其信息提供的机会成本，具体如图 5-7 所示。

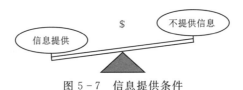

图 5-7 信息提供条件

总的来看，承包人向 BIM 平台提供信息的成本不仅包含承包人信息获取的信息生产成本，与此同时还包含承包人信息提供可能存在的机会成本。虽然某些情况下发包人可以通过自身的努力去获取相应信息，但是通常情况下人们在未知领域中去搜集信息要比在熟悉的领域中搜集信息花费的成本更多。这些成本不仅包含在信息搜集的直接花费上，还表现在信息获取的延迟以及随之而带来的决策延迟上。对于水利水电工程建设而言，BIM 平台的构建及有效应用能够提升工程建设的质量和效率，从而提升工程建设的整体效益。但是，信息是水利水电项目 BIM 平台应用的基础和关键，BIM 平台应用最大价值的实现需要参建各方积极向 BIM 平台提供其所拥有的信息。水利水电项目 BIM 平台的构建虽然拓宽了信息的表达空间、提升了信息传递和共享的效率及价值，但 BIM 平台应用最大化价值的实现依然受参与主体信息提供意愿的制约。因此，要想使得水利水电项目 BIM 平台效益最大程度地得以发挥，必然需要发包人制定相应激励机制以激励参建方在工程建设过程中积极向项目 BIM 平台提供项目实际信息，即建立相应有效的 BIM 平台信息供给激励机制。

5.3 水利水电项目 BIM 平台信息供给激励模型构建

水利水电工程建设过程中，BIM 平台的有效应用需要参建各方积极提供项目实际信息/数据，从而基于 BIM 平台实现信息的共享和高效利用。然而水利水电项目建设过程中，委托-代理机制下，参建各方虽然具有特有的信息优势，但共享关键信息与承包人自身利益最大化存在矛盾。因此，作为独立的经济人，参建各方通常情况下并不愿意主动披露或不愿完全披露自己所掌握的关键信息，甚至会刻意隐瞒项目真实信息。合同签订时，发包人虽然可以要求承包人在工程建设过程中向 BIM 平台提供相应信息，但由于合同的不完全性，发包人不可能罗列出所有需要承包人向 BIM 平台提供的信息，并在合同中作出详细规定。因此，水利水电项目 BIM 平台构建完成后，信息/数据的获取就成了项目业主所需要解决的首要问题。对于业主而言，最优的方式是在合同签订时设置相应有效的激励机制以激励参建各方积极主动向 BIM 平台提供项目信息，即设置相应 BIM 平台信息供给激励机制。由于水利水电项目具有不确定性大的特点，工程建设过程中承发包双方信息不对称程度更高，BIM 平台的信息供给激励意义更大。

基于水利水电项目 BIM 平台的信息供给激励需要针对具体的参与主体。本书重点研究水利水电工程建设阶段项目 BIM 平台的应用，在整个水利水电工程建设阶段，作为工程建设任务的具体实施者和重要参与方，施工承包人无疑是施工现场信息/数据第一时间的掌握者，具有绝对的信息优势。因此，本章主要针对水利水电项目建设施工阶段施工承包人（以下简称"施工方"），分析水利水电项目 BIM 平台信息供给激励机制的构建。此时，信息流动方向如图 5-8 所示。

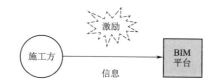

图 5-8 水利水电项目 BIM 平台信息
供给激励（针对施工承包人）

在此，需要说明的是，并不是承包人向 BIM 平台提供的所有信息都需要进行激励。水利水电工程建设过程中，可以将信息分为两类：一类为常规信息，即承包人为了完成工程项目建设任务必须提供的信息或发包人可以明确要求施工承包人提供的信息，如工程建设过程中的施工进度信息、工程施工计划信息以及工程计量支付信息等；另一类为发包人无法做出明确要求或承包人具有隐藏动机且对工程建设至关重要的信息，即本书所提到的关键信息，如工程项目建设过程中的地质条件变化信息、工程设计漏洞信息以及承包人合理性建议等。此类信息的提供可以明显提升工程建设的效益。对于第一类信息，承包人不具有隐藏信息的动机，其往往会愿意向 BIM 平台提供，因此无需激励。对于第二类信息，信息的提供与承包人利益最大化可能存在矛盾，承包人往往不愿意向 BIM 平台提供这一信息，且发包人较难直接获得该信息，因此需要对承包人信息的提供给予激励。但是，激励的前提是工程建设能够因承包人向 BIM 平台提供的这一信息获得额外的增值/收益。总之，本书所指基于 BIM 平台的信息供给激励是针对因承包人向 BIM 平台提供信息能够使得水利水电项目建设效益提升的关键信息的激励。

5.3.1 委托-代理关系中的基本激励机制

5.3.1.1 委托-代理博弈关系

委托-代理的核心问题是激励的问题，即委托人如何设计有效的激励机制以激励代理人努力工作并起到控制相应风险的作用，从而达到委托人和代理人"双赢"的效果。与此同时，委托-代理过程也是委托人和代理人双方博弈的过程，典型委托-代理关系下，基准博弈的步骤次序可总结如图 5-9 所示。

图 5-9　委托-代理博弈步骤次序

图 5-9 中，P 代表委托人，A 代表代理人，N 代表自然。委托人 P 就某项拟委托业务设计相应合约，代理人 A 做出是否接受该合约的决定。如若代理人接受委托人设计的合约，委托-代理关系便形成。代理人付出相应的努力，自然选择状态，最后形成结果。最终结果由代理人的努力和自然共同决定。信息不对称情况下，委托人很难观察到代理人的努力程度亦或观察的成本非常高，委托人只能根据结果来给予代理人支付。

5.3.1.2　委托-代理激励基本原理

委托人和代理人目标的差异及信息的不对称是委托-代理问题产生的重要原因。委托人很难对代理人的努力程度进行观察，因此只能以激励的形式激励代理人努力工作，从而确保获取良好的委托结果，如图 5-10 所示。

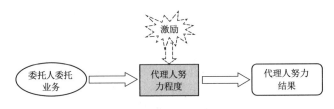

图 5-10　委托-代理激励机理

根据经济学观点，所有激励机制建立的基本原理是：代理人的努力需要付出一定代价，在没有任何形式的激励措施（惩罚可以看作负激励）下，代理人会倾向于降低其努力程度；同时，委托人任何的激励措施也均需要其自身付出一定成本，过高的激励水平也会使委托人遭受损失。因此，一个有效的激励机制的目标是既能激励代理人努力工作，又能使委托人不遭受不必要的损失，即实现委托人和代理人双重效益的最大化。本书也将依据这一原则来构建水利水电项目 BIM 平台信息供给激励机制。

考虑实际工程实践过程中承包人信息提供可能存在离散（提供或不提供）和连续（信息提供质量与施工方信息获取努力程度及分享意愿相关）两种情景，下文将分离散简化和连续两种情景分析水利水电项目 BIM 平台信息供给激励机制的构建。

5.3.2　离散简化情况下 BIM 平台信息供给激励分析

实际水利水电工程建设过程中施工方有时存在及时向 BIM 平台提供信息和不提供信息两种相对简单的情况。因此，在此首先考虑离散简化情况下水利水电项目 BIM 平台信息供给激励机制的构建问题。

5.3.2.1　基本假设

（1）水利水电项目建设过程中施工方有两种策略：及时向 BIM 平台提供项目实际信息和不向 BIM 平台提供信息。在此，设施工方向 BIM 平台提供项目实际信息用 $\vartheta=1$ 表示，不向 BIM 平台提供信息用 $\vartheta=0$ 表示。施工方向 BIM 平台提供信息时考虑其付出的信息生产成本，在此可设为 $DC_1(\vartheta=1)$，且有 $DC_1(\vartheta=1)>0$；施工方不向项目 BIM 平台提供信息时，无需考虑施工方信息生产成本，即此时取 $DC_1(\vartheta=0)=0$。

（2）水利水电工程建设过程中，施工方向项目 BIM 平台提供信息时，基于 BIM 平台通过信息的有效利用能够使项目实现额外的增值 V。在此可理解为因施工方积极向 BIM 平台提供信息，基于 BIM 平台有效利用实现的项目效益提升额度，如工程建设成本的降低或工程项目建设工期的节约带来的项目提前投产的收益等，在此可以以货币形式度量。施工方不愿意向项目 BIM 平台提供信息时，水利水电项目建设不能因 BIM 平台施工方信息的有效利用获得额外的增值，即此时 $V=0$。

（3）基于 BIM 平台信息的有效利用实现的水利水电项目额外增值 V 与工程项目不确定程度 $\hbar$ 相关，工程项目不确定程度 $\hbar$ 越高，基于 BIM 平台的有效应用能够实现的项目额外增值 V 越大；反之，工程项目不确定程度 $\hbar$ 越低，V 越小，即此时 $V=\Pi(\hbar,\vartheta)$。

（4）为激励施工方积极主动向 BIM 平台提供信息，合同签订时，双方可以约定，施工方向项目 BIM 平台提供信息时，当项目因施工方向 BIM 平台提供的信息基于 BIM 平台有效应用取得额外增值的情况下，业主方给予施工方一定激励。设业主方将基于 BIM 平台内施工方提供信息有效利用实现的项目额外增值 V 的 λ 部分给予施工方作为激励，λ 可称为激励系数。此时所对应的激励水平 $IA=\lambda V$。

（5）施工方向 BIM 平台提供信息时，业主方基于信息的有效利用方能实现项目的价值增值，此时业主方也存在一定的 BIM 平台信息利用的成本，在此设为 $UC_2(\vartheta=1)$，且有 $UC_2(\vartheta=1)>0$；施工方不愿意向 BIM 平台提供信息时，业主方也不存在额外的 BIM 平台信息利用成本，即此时有 $UC_2(\vartheta=0)=0$。

（6）此种情况较为简单，暂不考虑施工方风险偏好。

5.3.2.2　模型构建

（1）施工方效用分析。根据上述假设分析，水利水电工程建设过程中，施工方愿意向项目 BIM 平台提供自己所掌握的信息时，其效用（净收益）V_1 为

$$V_1=IA-DC_1(\vartheta=1)=\lambda\Pi(\hbar,\vartheta)-DC_1(\vartheta=1) \tag{5-1}$$

当施工方不愿意向 BIM 平台提供信息时，业主方不会给予施工方激励。因此，施工方不愿意向 BIM 平台提供信息的情况下其效用为 0。

（2）业主方效用分析。水利水电项目建设过程中，施工方向项目 BIM 平台提供项目信息时，业主方可以基于 BIM 平台及平台内施工方提供的项目实际信息可对工程进行进一步的优化或实现管理效率的提升，从而使项目获得额外的增值。当基于施工方向 BIM 平台提供信息的有效利用使项目取得额外增值后，业主给予施工方一定的激励。因此，对水利水电项目业主而言，在施工方积极向 BIM 平台提供关键信息时，基于 BIM 平台及平台内施工方提供信息的有效利用其能够获得的效用（净收益）V_2 为

$$V_2 = V - IA - UC_2(\vartheta=1) = (1-\lambda)\Pi(\hbar,\vartheta) - UC_2(\vartheta=1) \qquad (5-2)$$

施工方不愿意向项目 BIM 平台提供信息时，水利水电项目建设不能基于 BIM 平台通过信息的有效利用获得额外增值，此时业主方也不会给予施工方激励，同样业主方也不存在 BIM 平台内信息利用的成本。因此，此时业主方的效用也同样为 0。

（3）激励模型。依据激励理论，在委托-代理合同中，任何有效的激励机制设计都必须遵循两个原则：一是参与约束（participation constraint），即代理人履行委托代理合同所获得的收益应不低于其在等成本约束条件下从其他委托人处能够获得的收益水平；二是激励相容约束（incentive compatibility constraint），即代理人在努力工作条件下所能够获得的收益应大于其不努力工作时所获得的收益[171]。在本书可考虑为，应保证施工方向水利水电项目 BIM 平台提供信息时能够获得的效用不小于其不向 BIM 平台提供信息时的效用。

因此，基于上述原则，可以建立业主方激励施工方积极向 BIM 平台提供信息的基本激励模型（BIM 平台信息供给基本激励模型）

$$\max_{\lambda} V_2 = (1-\lambda)\Pi(\hbar,\vartheta) - UC_2(\vartheta=1) \qquad (5-3)$$

$$\text{s. t.} \begin{cases} \lambda\Pi(\hbar,\vartheta) - DC_1(\vartheta=1) \geqslant \varpi & (5-4) \\ \lambda\Pi(\hbar,\vartheta) - DC_1(\vartheta=1) \geqslant 0 & (5-5) \end{cases}$$

式（5-4）为参与约束，式（5-5）为激励相容约束。且式（5-4）中，ϖ 为施工方的保留效用，即施工方向水利水电项目 BIM 平台提供信息情况下预期获得的最低净效益，此处可以考虑为施工方信息提供的机会成本，即取 $\varpi = OC_1$。

此时，水利水电项目 BIM 平台信息供给最优激励机制的设计问题就转化为了对式（5-3）～式（5-5）关于信息供给激励系数 λ 求最优解，从而依据最优激励系数制定相应激励方案的问题。

5.3.2.3 模型求解与分析

通常情况下施工方向水利水电项目 BIM 平台提供项目关键信息时存在一定的机会成本，其保留效用大于 0，即 $\varpi > 0$。因此，当式（5-4）参与约束条件满足的情况下，式（5-5）激励相容约束必定能得到满足。因而，上述水利水电项目 BIM 平台信息供给基本激励模型可转化为

$$\max_{\lambda} V_2 = (1-\lambda)\Pi(\hbar,\vartheta) - DC_2(\vartheta=1) \qquad (5-6)$$

$$\lambda\Pi(\hbar,\vartheta) - DC_1(\vartheta=1) \geqslant \varpi \qquad (5-7)$$

由式（5-6）可以看出，目标函数是关于 λ 的减函数。因此，要使得目标函数取得最大值只需使得式（5-7）参与约束条件取等号即可，即有

$$\lambda\Pi(\hbar,\vartheta) - DC_1(\vartheta=1) = \varpi \qquad (5-8)$$

对式（5-8）进行求解，从而可求得业主方给予施工方积极向 BIM 平台提供项目信息的最优激励系数为

$$\lambda^* = \frac{\varpi + DC_1(\vartheta=1)}{\Pi(\hbar,\vartheta)} \qquad (5-9)$$

根据最优激励系数，业主方可以确定相应的 BIM 平台信息供给激励方案。

与此同时，可得到

$$IA = \lambda \Pi(\hbar, \vartheta) = \varpi + DC_1(\vartheta = 1) \tag{5-10}$$

式（5-10）可以表示业主方给予施工方 BIM 平台信息提供的最优激励水平。由式（5-10）可以看出，此种情况下业主方基于施工方向 BIM 平台提供信息的最优激励水平 IA 等于施工方的保留效用 ϖ 与施工方信息生产成本 $DC_1(\vartheta = 1)$ 之和。即，业主给予施工方向 BIM 平台提供关键信息的激励水平至少应满足施工方向 BIM 平台提供信息时所需要付出的代价［包括保留效用 ϖ，信息生产成本 $DC_1(\vartheta = 1)$］。

此外，还应该注意到，业主方激励施工方向水利水电项目 BIM 平台提供信息的目的是利用 BIM 平台及平台内施工方提供的信息来提升项目的整体效益，使得项目能够实现额外增值。因此，需要满足业主方也有净收益。即应有 $V_2 > 0$，从而可求得

$$\lambda < 1 - \frac{UC_2(\vartheta = 1)}{\Pi(\hbar, \vartheta)} \tag{5-11}$$

当式（5-11）不能得以满足时，即业主方不能因水利水电项目 BIM 平台内施工方提供信息的利用获得收益时，水利水电项目 BIM 平台信息供给激励也就失去了意义，此时业主方也不会对施工方实施激励。

5.3.3　连续型情况下 BIM 平台信息供给激励分析

通常情况下，水利水电工程项目建设过程中，施工方向 BIM 平台提供信息的质量与施工方信息获取努力程度及信息提供意愿存在一定关系，在此可以用信息提供努力程度来表示。施工方信息提供意愿越强烈，向 BIM 平台提供信息的努力程度越高，所提供信息的质量和价值就会越高，基于水利水电项目 BIM 平台信息利用所能实现的额外增值也会越高。因此，下文考虑施工方向 BIM 平台提供信息努力程度及 BIM 平台信息利用所能实现的项目增值为连续型情景讨论水利水电项目 BIM 平台信息供给激励问题。

5.3.3.1　基本假设

（1）假设施工方向 BIM 平台提供信息的努力程度为 χ_1，简单起见，设 χ_1 为一维连续变量，用 0～1 之间的实数表示，即 $\chi_1 \in [0, 1]$。χ_1 越大说明施工方向 BIM 平台提供信息努力程度越高，$\chi_1 = 0$ 说明施工方不愿意向 BIM 平台提供项目关键信息。

（2）水利水电工程建设过程中，基于项目 BIM 平台，通过施工方提供的信息的有效利用能够降低工程的造价和/或缩短项目的建设周期等，从而能够提升水利水电项目建设的效益，实现项目额外的增值 V。项目增值 V 与工程项目不确定程度 $\hbar$、施工方信息提供的努力程度 χ_1 相关，即 $V = f(\hbar, \chi_1)$。在此，水利水电项目不确定程度 $\hbar$ 可以理解为水利水电项目增值空间，同样设其为一维变量，并取 $\hbar \in (0, 1)$。$\hbar$ 越大，水利水电项目基于 BIM 平台内施工方提供信息的利用所能实现的增值越大。

（3）水利水电工程建设过程中，业主方和施工方均为理性"经济人"，双方均以追求自身利益最大化为目标。

（4）作为代理人，施工方往往具有一定风险规避程度，同样考虑施工方绝对风险规避程度为 ρ。当 $\rho > 0$ 时，说明施工方为风险规避者；当 $\rho = 0$ 时，说明施工方为风险中性者。

5.3.3.2　模型构建

通常情况下，基于水利水电项目 BIM 平台内施工方提供信息的有效利用能够实现的项目额外增值 V 包含工程造价的节约、工期的节约或工程建设管理效率的提升等。显然 V 与工程合同价格 P 存在一定关系，且受外在环境因素影响。进一步考虑水利水电项目不确定程度 $\hbar$ 以及施工方向 BIM 平台提供信息的努力程度 χ_1，在此可假设

$$V = f(\hbar, \chi_1) = \alpha_1 \chi_1 \hbar P + \theta \tag{5-12}$$

式中：α_1 为施工方向 BIM 平台提供信息的效用系数，代表施工方提供信息的价值大小，$0 \leqslant \alpha_1 \leqslant 1$。$\alpha_1$ 越大说明施工方向 BIM 平台提供信息的价值越高，$\alpha_1 = 0$ 说明施工方向 BIM 平台提供的信息毫无价值；θ 为随机干扰变量，表示外界环境因素对 BIM 平台内施工方提供信息的有效利用实现的项目额外增值的影响，假定 $\theta \sim N(0, \sigma^2)$。

水利水电项目建设过程中，施工方向 BIM 平台提供项目关键信息能够使项目获得额外增值，但是施工方向 BIM 平台提供信息也需要付出一定的成本和代价。因此，作为委托人的业主方需要给予施工方一定的激励。在此，采用线性合同激励方式。假设施工方向 BIM 平台提供信息时，业主方将基于施工方提供信息通过 BIM 平台的有效利用实现的项目相应增值的 λ（$0 < \lambda < 1$）部分给予施工方作为激励，以激励施工方积极向项目 BIM 平台提供项目实际信息/数据。λ 可称为基于 BIM 平台的信息供给激励系数。此时，对应的激励水平

$$IA = \lambda V \tag{5-13}$$

设水利水电工程建设过程中施工方向项目 BIM 平台提供信息的收益为 V_1，业主方相应的收益为 V_2。则有

$$V_1 = IA = \lambda(\alpha_1 \chi_1 \hbar P + \theta) \tag{5-14}$$

$$V_2 = V - IA = (1 - \lambda)(\alpha_1 \chi_1 \hbar P + \theta) \tag{5-15}$$

信息的获取与提供需要施工方付出一定的成本，设施工方信息获取与提供的成本（信息生产成本）为 DC_1。通常情况下施工方信息获取与提供的成本与其自身努力程度 χ_1 正相关，且边际成本递增，即有 $\partial DC_1 / \partial \chi_1 > 0$，且 $\partial^2 DC_1 / \partial^2 \chi_1 > 0$。在此，不妨设施工方信息获取与提供的成本（信息生产成本）为[172]

$$DC_1 = \frac{1}{2} \beta_1 \chi_1^2 \tag{5-16}$$

式中：β_1 为施工方信息获取与提供的成本系数。

将施工方向项目 BIM 平台提供信息的收益减去其信息生产成本可得到施工方向项目 BIM 平台提供信息的净收益 V_1^* 为

$$V_1^* = V_1 - DC_1 = \lambda(\alpha_1 \chi_1 \hbar P + \theta) - \frac{1}{2} \beta_1 \chi_1^2 \tag{5-17}$$

此时，施工方向项目 BIM 平台提供信息的效用（净收益）期望 $E(V_1^*)$ 为

$$E(V_1^*) = \lambda \alpha_1 \chi_1 \hbar P - \frac{1}{2} \beta_1 \chi_1^2 \tag{5-18}$$

其方差 $D(V_1^*)$ 为

$$D(V_1^*) = [V_1^* - E(V_1^*)]^2 = \lambda^2 \sigma^2 \tag{5-19}$$

进一步考虑施工方风险偏好，施工方为风险规避者，根据 Arrow Pratt 风险厌恶测度，其风险成本为 $\frac{1}{2}\rho\lambda^2\sigma^{2[173]}$。考虑施工方风险成本，其向项目 BIM 平台提供信息的确定性等价效用（净收益）V_1^{**} 可表示为

$$V_1^{**}=\lambda(\alpha_1\chi_1\hbar P+\theta)-\frac{1}{2}\beta_1\chi_1^2-\frac{1}{2}\rho\lambda^2\sigma^2 \tag{5-20}$$

此时，考虑风险成本的施工方 BIM 平台信息提供确定性等价效用期望为

$$E(V_1^{**})=\lambda\alpha_1\chi_1\hbar P-\frac{1}{2}\beta_1\chi_1^2-\frac{1}{2}\rho\lambda^2\sigma^2 \tag{5-21}$$

设水利水电项目建设过程中，业主方基于 BIM 平台内施工方提供的信息实现项目整体最优过程中付出的成本为 UC_2，在此 UC_2 可看作是业主方对 BIM 平台内施工方提供信息的利用成本。业主方 BIM 平台信息的利用成本与 BIM 平台内信息的供给程度及信息利用成本系数正相关，关于 BIM 平台信息供给程度边际成本递增。BIM 平台信息供给程度与施工方向 BIM 平台提供信息的努力程度相关，可以用施工方向 BIM 平台提供信息的努力程度 χ_1 来表示。因此，在此可假设：

$$UC_2=\frac{1}{2}\beta_2\chi_1^2 \tag{5-22}$$

式中：β_2 为业主方 BIM 平台信息利用的成本系数。

将业主方基于 BIM 平台通过施工方提供信息利用能够获得的收益减去其自身信息利用的成本，可得到业主方基于 BIM 平台施工方提供的信息能够实现的净收益 V_2^* 为

$$V_2^*=V_2-UC_2=(1-\lambda)(\alpha_1\chi_1\hbar P+\theta)-\frac{1}{2}\beta_2\chi_1^2 \tag{5-23}$$

此时，业主方的效用（净收益）期望 $E(V_2^*)$ 为

$$E(V_2^*)=(1-\lambda)\alpha_1\chi_1\hbar P-\frac{1}{2}\beta_2\chi_1^2 \tag{5-24}$$

同理，依据激励理论，考虑参与约束及激励相容约束，连续型情况下发包人/业主激励施工方向水利水电项目 BIM 平台提供信息的激励模型（BIM 平台信息供给激励模型）为

$$\max_{\lambda,\chi_1}E(V_2^*)=(1-\lambda)\alpha_1\chi_1\hbar P-\frac{1}{2}\beta_2\chi_1^2 \tag{5-25}$$

$$\text{s.t.}\begin{cases}\lambda\alpha_1\chi_1\hbar P-\frac{1}{2}\beta_1\chi_1^2-\frac{1}{2}\rho\lambda^2\sigma^2\geqslant\varpi & (5-26)\\ \chi_1\in\arg\max E(V_1^{**}) & (5-27)\end{cases}$$

式（5-26）为参与约束，式（5-27）为激励相容约束。且式（5-26）中，ϖ 为施工方的保留效用，即施工方向水利水电项目 BIM 平台提供信息期望能够获得的最低净效益，此处可以考虑为施工方向 BIM 平台提供信息的机会成本，即取 $\varpi=OC_1$。

此时，最优激励机制的设计就转化为对式（5-25）～式（5-27）关于激励系数 λ 求最优解，从而依据最优激励系数制定相应激励方案。

5.3.3.3 模型求解与分析

为对比分析，模型的求解可以分为完全信息和信息不完全两种情况。所谓完全信息是

指水利水电工程建设过程中业主方可以观察到施工方向项目 BIM 平台提供信息的努力程度，信息不完全指业主方不能观察到施工方向 BIM 平台提供信息的努力程度。完全信息是较为理想的情况，少数情况下可能会发生，在此为对比信息不完全情况下 BIM 平台信息供给激励机制设计而分析。

（1）完全信息情况下模型求解分析。

水利水电工程建设过程中，施工方相对业主方会较容易获取工程现场实际信息，具有相对的信息优势。如果施工方不能及时向 BIM 平台提供这一信息，信息极有可能会丧失其应用的价值，因而业主方需要激励施工方及时准确地向项目 BIM 平台提供信息。

完全信息情况下，业主方能够观察到施工方向 BIM 平台提供信息的努力程度，此时激励相容约束不起作用。因此，此时水利水电项目 BIM 平台信息供给激励模型转化为

$$\max_{\lambda,\chi_1} E(V_2^*) = (1-\lambda)\alpha_1\chi_1\hbar P - \frac{1}{2}\beta_2\chi_1^2 \tag{5-28}$$

$$\text{s. t.} \left\{ \lambda\alpha_1\chi_1\hbar P - \frac{1}{2}\beta_1\chi_1^2 - \frac{1}{2}\rho\lambda^2\sigma^2 \geqslant \varpi \right. \tag{5-29}$$

此时，由于业主方可以观察到施工方向项目 BIM 平台提供信息的努力程度，施工方的不努力行为是作为委托人的业主方所不愿意看到的。当施工方向 BIM 平台提供信息时的效用不小于其保留效用时，施工方选择偷懒也是不明智的。因此，对业主方而言其最优选择为当施工方选择积极向 BIM 平台提供信息时使其所能够获得的效用等于其保留效用即可。即激励模型的最优解为 $\chi_1=1$，此时取式（5-29）等式成立，从而可求得最优激励系数

$$\lambda_1 = \frac{\alpha_1\hbar P + \sqrt{\alpha_1^2\hbar^2P^2 - \rho\sigma^2(2\varpi+\beta_1)}}{\rho\sigma^2} \tag{5-30}$$

$$\lambda_2 = \frac{\alpha_1\hbar P - \sqrt{\alpha_1^2\hbar^2P^2 - \rho\sigma^2(2\varpi+\beta_1)}}{\rho\sigma^2} \tag{5-31}$$

显然，有 $\lambda_1>\lambda_2>0$。对于业主方而言 λ 取值越小越优。因此，业主方只需取 $\lambda=\lambda_2$ 即可，即业主给予施工方向 BIM 平台提供信息的最优激励系数 λ 为

$$\lambda = \frac{\alpha_1\hbar P - \sqrt{\alpha_1^2\hbar^2P^2 - \rho\sigma^2(2\varpi+\beta_1)}}{\rho\sigma^2} \tag{5-32}$$

由式（5-32）可看出，最优激励系数 λ 与项目不确定程度系数 $\hbar$，施工方保留效用 ϖ，施工方 BIM 平台信息提供的努力成本系数 β_1，施工方绝对风险规避程度 ρ，项目合同价格 P 及施工方向 BIM 平台提供的信息的效用系数 α_1 相关。其中，与施工方绝对风险规避程度 ρ 负相关。

此时，业主方给予施工方向 BIM 平台提供信息的最优激励水平 IA 为

$$IA = \lambda V = \frac{1}{2}\beta_1 + \frac{1}{2}\rho\lambda^2\sigma^2 + \varpi \tag{5-33}$$

由式（5-33）可以看出，完全信息情况下，业主方给予施工方最优激励水平 IA 等于施工方的保留效用 ϖ，施工方向 BIM 平台努力提供信息的成本 $\frac{1}{2}\beta_1$ 以及施工方风险成

本 $\frac{1}{2}\rho\lambda^2\sigma^2$ 之和。也就是,业主方给予施工方的激励水平至少应满足施工方积极向 BIM 平台提供信息时所需要付出的代价(包括保留效用 ϖ、信息生产成本 $\frac{1}{2}\beta_1$ 以及风险成本 $\frac{1}{2}\rho\lambda^2\sigma^2$)。另外,与离散简化情形激励额度相比,不难看出此时激励机制的设计与离散简化情形类似。由式(5-33)可以看出离散简化情况下业主方给予施工方向 BIM 平台提供信息的最优激励水平也是对施工方信息提供成本的补偿。

此外,还应注意到,业主方激励施工方向 BIM 平台提供信息的目的是利用 BIM 平台及平台内施工方提供的关键信息以提升项目的整体效益,使得项目能够实现额外增值。因此,需要满足业主方有净收益,即应有

$$V_2^* = V - IA - \frac{1}{2}\beta_2 > 0 \tag{5-34}$$

当式(5-34)不能得以满足时,即业主方不能从水利水电项目 BIM 平台信息供给获得收益时,水利水电项目 BIM 平台信息供给激励就失去了意义,此时业主方也不会对施工方实施激励。

(2)信息不完全情况下模型求解分析。

水利水电工程建设实践中,更多的是业主方难以观察到施工方向项目 BIM 平台提供信息的努力程度,即信息不完全的情况。因此,我们需要重点讨论信息不完全情况下的水利水电项目 BIM 平台信息供给激励机制设计的问题。该情况下,水利水电项目 BIM 平台信息供给激励模型为

$$\max_{\lambda,\chi_1} E(V_2^*) = (1-\lambda)\alpha_1\chi_1\hbar P - \frac{1}{2}\beta_2\chi_1^2 \tag{5-35}$$

$$\text{s. t.} \begin{cases} \lambda\alpha_1\chi_1\hbar P - \frac{1}{2}\beta_1\chi_1^2 - \frac{1}{2}\rho\lambda^2\sigma^2 \geq \varpi & (5-36) \\ \chi_1 \in \text{argmax} E(V_1^{**}) & (5-37) \end{cases}$$

相关研究表明,信息不完全情况下,委托代理双方信息不对称。代理人往往相对于委托人具有信息优势,此时也就存在委托人利用信息优势获取额外利益的机会,委托人和代理人的努力水平也会因此而发生变化。通常在这种情况下,双方所采取的行为是非完全合作的,往往是以谋求自身效用最大化来选择相应的努力水平。

由式(5-37)可知,施工方向 BIM 平台提供信息的期望收益 $E(V_1^*)$ 与其信息提供努力程度相关,且关于其自身信息提供努力程度存在极大值。因此,对式(5-37)关于 χ_1 求一阶导数,并令其等于零,即 $E'(V_1^{**})=0$,可求得仅考虑自身利益最大化条件下,施工方向 BIM 平台提供信息的最优努力程度 χ_1^* 为

$$\chi_1^* = \frac{\lambda\alpha_1\hbar P}{\beta_1} \tag{5-38}$$

从式(5-38)可以看出,仅从自身利益最大化角度出发,施工方向 BIM 平台提供信息的最优努力程度与业主方给予其的激励系数 λ 及信息效用系数 α_1 正相关,即对施工方而言激励系数 λ 越大以及信息效用系数 α_1 越高,施工方向 BIM 平台提供信息的努力程度

会越高；施工方向 BIM 平台提供信息的最优努力程度与其自身努力成本系数 β_1 负相关，即其自身努力成本系数 β_1 越大，其向 BIM 平台提供信息的努力程度会越低；此外，施工方向 BIM 平台提供信息的最优努力程度与项目不确定程度系数 $\hbar$ 正相关，即项目不确定程度系数 $\hbar$ 越大施工方向 BIM 平台提供信息的努力程度会越高。

将式（5-38）代入式（5-35）目标函数，可得业主方净收益期望值为

$$E(V_2^*)=\frac{(1-\lambda)\lambda\alpha_1^2\hbar^2P^2}{\beta_1}-\frac{\beta_2\lambda^2\alpha_1^2\hbar^2P^2}{2\beta_1^2} \qquad (5-39)$$

此时，水利水电项目 BIM 平台信息供给激励机制设计问题就转化为业主方如何设定合理的激励系数 λ 从而使得自身效用最大。式（5-39）关于 λ 存在极大值。因此，业主方仅考虑自身收益最大化条件下，只需对式（5-39）关于 λ 求一阶导数，并令其等于零并对 λ 求解，便可求得仅考虑自身收益最大化条件下给予施工方向 BIM 平台提供信息的最优激励系数 λ^* 为

$$\lambda^*=\frac{\beta_1}{2\beta_1+\beta_2} \qquad (5-40)$$

从式（5-40）可以看出，信息不完全条件下，业主方给予施工方 BIM 平台信息提供的最优激励系数 λ^* 仅与自身 BIM 平台信息利用成本系数 β_2 及施工方向 BIM 平台提供信息的努力成本系数 β_1 相关。通过模拟分析，可得到 λ^* 与 β_1 及 β_2 的关系如图 5-11 所示。

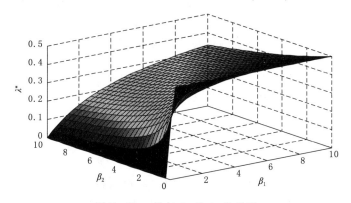

图 5-11　λ^* 与 β_1 及 β_2 的关系

此时，可得到业主方给予施工方向 BIM 平台提供信息的最优激励水平 IA 为

$$IA=\lambda^*V=\frac{\beta_1\alpha_1^2\hbar^2P^2}{(2\beta_1+\beta_2)^2} \qquad (5-41)$$

由式（5-41）可以看出，业主方给予施工方向 BIM 平台提供信息的最优激励水平 IA 与业主自身 BIM 平台信息利用成本系数 β_2，施工方向 BIM 平台提供信息的努力成本系数 β_1，施工方提供信息的效用系数 α_1，水利水电项目不确定程度系数 $\hbar$ 以及项目合同额 P 相关。

对式（5-41）分别关于 α_1，β_1，β_2 和 $\hbar$ 求导可得到

$$\frac{\partial IA}{\partial\alpha_1}=\frac{2\beta_1\alpha_1\hbar^2P^2}{(2\beta_1+\beta_2)^2} \qquad (5-42)$$

$$\frac{\partial IA}{\partial \beta_1} = \frac{(\beta_2 - 2\beta_1)\alpha_1^2 \hbar^2 P^2}{(2\beta_1 + \beta_2)^3} \tag{5-43}$$

$$\frac{\partial IA}{\partial \beta_2} = -\frac{2\beta_1 \alpha_1^2 \hbar^2 P^2}{(2\beta_1 + \beta_2)^3} \tag{5-44}$$

$$\frac{\partial IA}{\partial \hbar} = \frac{2\beta_1 \alpha_1^2 \hbar P^2}{(2\beta_1 + \beta_2)^2} \tag{5-45}$$

由式（5-42）可知，$\frac{\partial IA}{\partial \alpha_1} > 0$。因此，业主方给予施工方 BIM 平台信息供给的最优激励水平 IA 关于 α_1 递增，即随着施工方向 BIM 平台提供信息的效用系数 α_1 的增大，业主需要给予施工方的激励水平 IA 要更高。

由式（5-43）可知，当 $\beta_1 > \frac{\beta_2}{2}$ 时，有 $\frac{\partial IA}{\partial \beta_1} < 0$，此时 IA 关于 β_1 递减，即随着施工方向 BIM 平台提供信息的努力成本系数 β_1 的增大，业主给予施工方的激励水平 IA 会不断降低；当 $\beta_1 < \frac{\beta_2}{2}$ 时，有 $\frac{\partial IA}{\partial \beta_1} > 0$，此时 IA 关于 β_1 递增，即随着施工方 BIM 平台信息供给的努力成本系数 β_1 的增大，业主需要给予施工方的激励水平 IA 会不断提升。

由式（5-44）可知，$\frac{\partial IA}{\partial \beta_2} < 0$。因此，$IA$ 关于 β_2 递减，即随着业主自身 BIM 平台信息利用成本系数 β_2 的增大，业主需要给予施工方 BIM 平台信息提供的激励水平 IA 会不断降低。

由式（5-45）可知，$\frac{\partial IA}{\partial \hbar} > 0$。因此，业主方给予施工方 BIM 平台信息供给的最优激励水平 IA 关于 $\hbar$ 递增，即随着水利水电项目不确定程度的增加，业主需要给予施工方向 BIM 平台提供信息的激励水平 IA 要更高。

此外，水利水电项目 BIM 平台信息供给激励的目的是基于 BIM 平台内信息的有效利用实现项目的增值。当业主方不能基于项目 BIM 平台从施工方提供信息的应用中获取收益时，业主方也将不会给予施工方激励。因此，应满足目标函数式（5-35）大于 0。从而可得到，λ^* 应满足：

$$\lambda^* < 1 - \frac{\beta_2 \chi_1}{2\alpha_1 \kappa P} \tag{5-46}$$

当式（5-46）不能得以满足，即业主方不能从水利水电项目 BIM 平台内施工方提供的信息的利用获得收益时，水利水电项目 BIM 平台信息供给激励也就失去了意义，此时业主方也不会对施工方实施激励。

5.4　案　例　分　析

上文针对水利水电项目建设施工阶段施工承包人，建立了水利水电项目 BIM 平台信息供给激励机制。本节结合工程实例，具体分析水利水电项目 BIM 平台信息供给激励机制的具体建立步骤，并进一步分析上述激励机制建立方法的可行性。由于离散简化情况与连续型信息完全情况下水利水电项目 BIM 平台信息供给激励情形设计类似，因此本书仅对连续情况下水利水电项目 BIM 平台信息供给激励机制构建结合案例进行进一步的分析。

5.4.1　案例背景

某水电工程建设项目，合同金额为 $P=3.86$ 亿元，项目建设过程中，为提升项目建设的质量和效率，在业主方主导下构建起了项目级 BIM 平台。项目 BIM 平台构建完成后，为促使施工承包人积极向项目 BIM 平台提供施工过程中项目实际信息/数据，业主方拟建立相应 BIM 平台信息供给激励机制，针对施工方向 BIM 平台提供的有用信息对其进行激励。案例基本参数如表 5-1 所示。

表 5-1　　　　　　　　　案 例 参 数

参　数	取　值	参　数	取　值
项目合同金额 P	3.86 亿元	施工方信息提供努力成本系数 β_1	600
信息效用系数 α_1	0.7	业主方信息利用成本系数 β_2	400
项目不确定程度系数 h	4%	随机干扰因素 σ^2	300
施工方绝对风险规避程度 ρ	0.6	施工方保留效用 ϖ	75 万元

5.4.2　激励机制设计

根据上述激励模型，分析水利水电项目 BIM 平台信息供给激励机制的构建。为对比分析，分别分析完全信息和信息不完全两种情况下激励机制的设计，并对相应激励机制构建结果进行分析，计算分析结果如下所示。

（1）完全信息情况下。

依据上文所建立的激励模型，根据式（5-32）可求得完全信息情况下，业主方给予施工方向项目 BIM 平台提供信息的最优激励系数 λ 为

$$\lambda=\frac{0.7\times0.04\times38600-\sqrt{(0.7\times0.04\times38600)^2-0.6\times300\times(2\times75+600)}}{0.6\times300}=0.358$$

此时，基于水利水电项目 BIM 平台内施工方提供信息的利用能够实现的额外增值/收益 $E(V)$ 为

$$E(V)=0.7\times1\times0.04\times38600=1081.00（万元）$$

从而可得到业主方给予施工方 BIM 平台信息提供的最优激励水平为

$$IA=0.358\times0.7\times1\times0.04\times38600=386.51（万元）$$

此时，业主方的效用 $E(V_2^*)$ 为

$$E(V_2^*)=(1-0.358)\times0.7\times1\times0.04\times38600-\frac{1}{2}\times400\times1^2=494.29（万元）$$

施工方向 BIM 平台提供信息的效用 $E(V_1^*)$ 为

$$E(V_1^*)=0.358\times0.7\times1\times0.04\times38600-\frac{1}{2}\times600\times1^2-\frac{1}{2}\times0.6\times0.358^2\times300$$

$$=75.00(万元)$$

可以看出，通过项目 BIM 平台信息供给激励机制的构建，双方均能够获得一定净收益。因此，说明激励机制是有效的。

（2）信息不完全情况下。

依据上文所建立的激励模型，根据式（5-40）可求得信息不完全情况下，业主方给予施工方 BIM 平台信息提供的最优激励系数 λ^* 为

$$\lambda^*=\frac{600}{2\times600+400}=0.375$$

此时，施工方向 BIM 平台提供信息的最优努力程度 χ_1^* 为

$$\chi_1^*=\frac{0.375\times0.7\times0.04\times38600}{600}=0.68$$

因而，此时基于水利水电项目 BIM 平台内施工方提供信息能够实现的项目额外增值 $E(V)$ 为

$$E(V)=0.7\times0.68\times0.04\times38600=730.08(万元)$$

从而可得到业主方给予施工方最优的激励水平为

$$IA=0.375\times0.7\times0.68\times0.04\times38600=273.78(万元)$$

此时，业主方的效用期望 $E(V_2^*)$ 为

$$E(V_2^*)=(1-0.375)\times0.7\times0.68\times0.04\times38600-\frac{1}{2}\times400\times0.68^2=365.04(万元)$$

施工方向 BIM 平台提供信息的效用期望 $E(V_1^*)$ 为

$$E(V_1^*)=0.375\times0.7\times0.68\times0.04\times38600-\frac{1}{2}\times600\times0.68^2-\frac{1}{2}\times0.6\times0.375^2\times300$$

$$=136.89(万元)$$

同样，可以看出此时双方也均能够获得一定净收益，即激励机制是有效的。

（3）对比分析。

综上，可以看出完全信息和不完全信息两种情况下 BIM 平台信息供给激励机制设计相关参数的计算结果不尽相同，进一步对两者进行对比分析，对比结果如表 5-2 所示。

表 5-2　　　　　　　　完全信息和信息不完全情况计算结果

指　　标	完全信息情况	不完全信息情况
最优激励系数 λ^*	0.358	0.375
信息提供下项目增值 $E(V)$	1081.00 万元	730.08 万元
最优激励水平 IA	386.51 万元	273.78 万元
业主方效用 $E(V_2^*)$	494.29 万元	365.04 万元
施工方效用 $E(V_1^*)$	75.00 万元	136.89 万元

根据表 5-2 结果可以看出，基于水利水电项目 BIM 平台施工方提供的信息可以使得项目实现额外的增值，从而提升项目建设的整体效益。此外，通过对比可以看出，相对于

理想的完全信息条件下，信息不完全时基于 BIM 平台内施工方提供信息能实现的项目增值会降低，且业主方需给了施工方向 BIM 平台提供信息的激励系数要更大；相对于完全信息条件下，信息不完全时作为委托人的业主方基于 BIM 平台内施工方提供信息的利用能够获得的收益也会降低，反而作为代理人的施工方向 BIM 平台提供信息的收益会增加。显然，这也证明了信息的重要性，信息的不对称/不完全会降低项目整体效益。但对于施工方而言，信息的不对称/不完全却能使其获得更高的收益。因此，这也充分说明了对于施工方而言信息价值的存在。

5.5　本 章 小 结

本章主要针对水利水电项目 BIM 平台运行过程中信息/数据支持的问题，依据不完全契约及委托-代理理论，从水利水电项目发包人/业主视角，研究如何激励承包人积极向 BIM 平台提供信息。首先，基于水利水电项目建设委托-代理关系分析了水利水电项目建设过程中信息传递和流动的路径；进而结合不完全契约理论，从承包人和发包人目标出发对水利水电项目 BIM 平台信息供给困境进行了分析。随后基于委托-代理激励理论，针对水利水电工程建设施工阶段信息优势最明显的施工承包人，考虑其向 BIM 平台提供信息的信息生产成本以及信息提供的机会成本，分离散和连续两种情形，构建了水利水电项目 BIM 平台信息供给激励模型，并对最优激励系数/水平数进行了求解。从而提出了水利水电项目 BIM 平台信息供给激励机制设计的方法，并对影响 BIM 平台信息供给激励机制设计的关键影响因素进行了分析。最后，结合实例具体阐述了水利水电项目 BIM 平台信息供给激励机制构建的流程和方法，并验证了所建激励机制的有效性。

本章仅针对水利水电项目建设施工阶段信息优势最为显著的施工承包人，分析了激励其向 BIM 平台积极提供信息的信息供给激励机制的设计。除此之外，水利水电项目建设过程中其余参与主体相对发包人/业主也会有相应的信息优势。对于其余参与主体，如有必要，也可参照本章研究结果来构建相应 BIM 平台信息供给激励机制。

第6章　水利水电项目BIM平台
应用收益共享机制

第5章讨论了水利水电项目BIM平台建设过程中信息共享激励的问题。水利水电项目BIM平台构建的目的是通过BIM平台及平台内信息的高效利用提升水利水电工程建设和管理的质量和效率。然而，水利水电工程建设参与主体较多，且各利益主体均为独立法人，均以追求自身利益最大化为目的。这就要求水利水电项目BIM平台协同应用收益需要在参与主体间能够合理共享。并且，众多利益主体参与下，BIM平台应用所取得收益的合理分配（共享）是水利水电项目BIM平台及平台内信息能够得以充分利用的关键和保障，直接关系到项目BIM平台应用的效果。因此，本章主要研究水利水电项目BIM平台协同应用过程中收益共享机制设计的方法，为水利水电项目BIM平台高效应用提供支撑。

6.1　水利水电项目BIM平台应用及其应用价值

6.1.1　水利水电工程建设管理目标分析

工程项目建设目标（project construction target）指一项工程项目建设为了达到预期的效果而必须完成的各项指标。对于以工程建设为基本任务的项目管理而言，其目标是在限定的时间、限定的资源约束条件下，如何以尽可能快的进度、尽可能低的费用，在保证工程质量的前提下顺利完成项目建设任务。所以，传统意义上工程项目建设和管理的目标主要包括：质量（功能）目标、成本（费用、投资或造价）目标和进度（工期）目标，即人们通常所谓的工程项目建设三大目标。通常情况下，这三大目标之间并不是相互独立的，三者之间存在密切的对立统一关系，即"铁三角"准则。工程项目建设三大目标之间相互关系如图6-1所示。对于水利水电工程项目建设而言也是如此，如何实现三大目标之间的整体最优也是水利水电工程建设和管理的主要任务。

图6-1　水利水电工程建设三大目标关系

显然，水利水电工程建设质量、成本和进度三大目标之间是相互关联的，存在着矛盾统一的关系，任一目标的改变都有可能影响其他目标的实现。例如过于追求项目进度目标，势必会造成成本的增加或损害项目的质量。因此，改变三大目标中的任一目标时都必须考虑对其他两个目标的影响。工程建设过程中，对工程建设质量、成本及进度三大目标的控制是整个工程建设管理的核心。这三大目标之间虽然存在着矛盾统一的关系，但是工程建设质量往往关系着工程功能能否实现。因此，工程建设过程中质量目标往往是基础，工程质量目标不能动摇，必须首先得到满足。因而，业主方所追求的目标就成为了如何在保证工程建设质量的前提下尽可能降低工程造价，缩短工程建设周期。

6.1.2　基于目标分析的 BIM 平台价值及其实现途径

6.1.2.1　BIM 平台应用价值分析

依据水利水电工程项目建设管理目标分析，工程项目建设质量、成本和进度是工程建设的三大目标，且通常情况下质量目标是基础，工程的建设质量目标首先应得以满足。因此，如何在保证工程建设质量的前提下，降低工程造价、缩短工程建设工期成为了项目管理的主要目标。显然，水利水电项目 BIM 平台在工程建设过程中的应用价值也主要体现在这两个方面，即通过水利水电项目 BIM 平台的应用以实现在保证工程质量目标的前提下如何通过协调、优化实现工程成本的降低和/或工期的缩短。水利水电项目 BIM 平台在工程建设过程中的应用价值如图 6-2 所示。

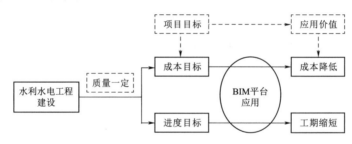

图 6-2　BIM 平台应用价值

6.1.2.2　BIM 平台应用价值实现途径

水利水电工程设计的重要依据是工程前期勘探资料，由于受工程勘探技术以及费用的影响，工程勘察资料很难做到十分详尽。因此，水利水电工程项目建设过程中面临着来自自然以及人为因素导致的不确定性，且不确定性很大。工程项目在建设实施过程中存在较大优化空间。随着工程的不断进行，工程项目建设边界条件逐渐清晰，在信息充分共享的条件下，设计方可以基于 BIM 平台中工程实际信息（如地质情况信息）在 BIM 平台内对工程进行进一步的优化，实现项目的整体最优。因此，水利水电工程项目 BIM 平台在工程项目建设过程中价值实现途径有：

（1）基于 BIM 平台，通过工程优化，降低工程成本（造价）。水利水电工程建设规模一般较大，土石方工程、钢筋、混凝土工程工程量巨大。因而，水利水电工程投资巨大，往往数以十亿，甚至百亿千亿。同时，由于水利水电工程"现场数据"不确定性大，存在巨大的优化空间。工程建设实施过程中，基于 BIM 平台中工程现场实际数据，在 BIM 平台内可对工程进行动态优化，从而提升设计的可建造性或减少施工工程量。工程量的降低，往往会带来较大的直接收益，从而降低工程的造价。

（2）基于 BIM 平台，通过工程优化，缩短建设工期。对水利水电工程建设而言，相比其他工程，工程建设工期往往较长，动辄数年，甚至数十年。而对水利水电工程项目，建设工期的缩短一方面可以降低建设管理的成本；另一方面更重要的是建设期的缩短也就意味着其能够早日投入使用，工程的投产往往能够给业主方带来更大的收益。因此，工程建设过程中，基于 BIM 平台工程现场数据，在平台内可对工程进行优化，从而达到缩短建设工期的目的。

值得注意的是，工程成本和工期目标之间并不独立，工期的缩短也有可能导致成本的增加。如确需缩短工程建设工期，在确保工程建设质量的前提下需进行经济效益分析，以保证工期缩短的收益大于成本的增加。

基于 BIM 平台的水利水电工程项目优化流程如图 6-3 所示。

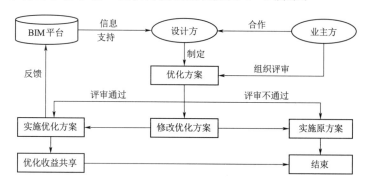

图 6-3　基于 BIM 平台的水利水电工程项目优化流程

6.2　水利水电项目 BIM 平台应用收益及收益共享必要性

6.2.1　BIM 平台应用收益分析

如前所述，工程项目建设过程中，基于 BIM 平台协同应用，通过对平台内信息的高效应用可对水利水电项目实施进一步动态优化，从而在保证工程建设质量目标的前提下实现工程成本的降低和/或工期的节约，从而实现水利水电工程项目建设的效益最大化。对项目法人/发包人而言，工程建设成本的降低无疑就是收益。而工程建设工期的节约一方面可以降低工程的建设管理费用，另一方面更重要的是可以使得工程提前进入生产运营，工程提前投产无疑也会产生经济效益或社会效益。因此，本书将基于 BIM 平台，通过工程项目优化（在保证工程质量的前提下）实现的工程成本的降低和/或工程项目建设工期的节约带来的收益称为水利水电项目 BIM 平台协同应用收益（简称"工程/项目优化收益"）。由于工程建设工期与成本之间存在密切关系，工程建设工期的压缩可能造成工程建设成本的增加；因此，本书所指工期节约所带来的收益是指由于工程建设工期缩短所带来的经济效益减去由于压缩工期可能造成的工程成本增加值。

6.2.2　收益共享必要性分析

工程建设实施过程中，基于水利水电项目 BIM 平台，设计方可第一时间掌握工程现场数据，基于工程现场数据在 BIM 平台内可以对项目进行更为具体细致的优化，从而降低工程的造价，提升工程可建造性，缩短建设工期等。项目优化主要由设计方负责实施，项目优化方案完成后业主方组织评审。为提升设计方优化工程的积极性，项目优化收益应由业主方和设计方共享，即基于 BIM 平台实施的项目优化收益需在业主方和设计方之间进行分配。收益分配的合理性也直接决定着设计方参与项目优化的积极性。水利水电项目 BIM 平台应用收益共享动因模型如图 6-4 所示。

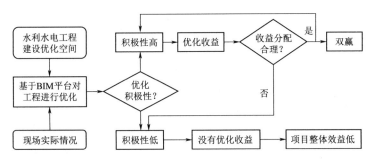

图 6-4　水利水电项目 BIM 平台应用收益共享动因模型

由图 6-4 可以看出，基于 BIM 平台进行的水利水电项目优化收益分配的合理性直接关系到设计方优化项目的积极性，关系到项目优化事项能否实现，以及 BIM 平台价值能否得以充分发挥。收益分配合理，设计方就有较高积极性基于 BIM 平台以及平台内工程实际信息对项目实施优化，从而实现较大的项目优化收益，水利水电项目 BIM 平台的价值也能够得以充分发挥。此时业主方也能够取得一定收益，从而可实现双赢甚至多赢。反之，如若基于 BIM 平台的优化收益分配不合理，设计方将失去优化项目的积极性，项目优化事项也难以达成，BIM 平台内信息不能充分得以利用，水利水电项目 BIM 平台的价值也就难以得以充分发挥，此时业主方也不可能有较高收益。

6.3　水利水电项目 BIM 平台应用收益共享模型构建

6.3.1　收益模型构建

如上所述，水利水电项目 BIM 平台协同应用收益主要可归纳为通过项目优化实现的项目建设成本节约和/或工期节约所带来的收益。建设成本的节约及工期节约所带来的收益都可以用货币来度量。因此，可建立如下水利水电项目 BIM 平台应用收益模型。

首先，工程项目优化可实现的收益与工程合同价格存在一定关系，设工程合同价格为 P，则可假设工程优化可实现的优化收益 G 有

$$G = \eta G_{max} \tag{6-1}$$

式中：G_{max} 为项目能够实现的最大优化收益，G_{max} 越大说明项目优化空间越大，反之项目优化空间较小；η 为基于 BIM 平台所实现的工程优化程度，$0 \leqslant \eta \leqslant 1$，当 $\eta = 0$ 时，表明没有进行工程优化，工程优化收益 0；当 $\eta = 1$ 时，表明工程优化程度达到最高，此时，基于 BIM 平台有效应用，通过项目优化实现的收益为 G_{max}。

基于 BIM 平台现场实际信息优化工程项目可获得的最大收益一般与工程项目复杂程度、初步设计深度以及工程总投资等因素相关，在此可设

$$G_{max} = \varphi P \tag{6-2}$$

式中：φ 为通过项目优化可实现最大的收益系数，$0 \leqslant \varphi < 1$，且 φ 与工程复杂程度、设计深度等因素相关。则有

$$G = \eta \varphi P \tag{6-3}$$

6.3.2 项目优化成本分析

项目优化可以带来收益，与此同时基于 BIM 平台的项目优化也需要付出一定的成本。设基于 BIM 平台实施项目优化的成本为 DC，且设计方和业主方在项目优化过程中均需要付出相应项目优化成本，则有

$$DC = DC_1 + DC_2 \tag{6-4}$$

式中：DC_1 为设计方项目优化成本；DC_2 为业主方成本。

（1）设计方项目优化成本。

优化方案是设计人员智慧的结晶，对设计方而言，项目优化不仅需要人力、物力的投入，更重要的是知识的投入。因此，设计方基于 BIM 平台优化项目的成本主要有两部分组成：一是优化项目的有形成本，也可称为直接成本（如资金或设备的投入等）；二是项目优化知识投入的成本，也称为间接成本或努力成本。则有

$$DC_1 = DC_{01} + R_1 \tag{6-5}$$

式中：DC_{01} 为设计方因优化工程而投入的有形成本；R_1 为设计方因优化工程而投入的知识成本。

有形成本可以直接观测度量，可用货币形式来表达；知识投入的成本往往较难直接度量，但知识成本可以通过知识投入的成本系数和努力程度来度量。因此，有

$$R_1 = g(a_1, x_1) \tag{6-6}$$

式中：a_1 为设计方知识投入成本系数，可通过评估或经验求得；x_1 为设计方项目优化努力程度，即知识投入强度，且 $0 \leqslant x_1 \leqslant 1$。

通常情况下，设计方知识成本与其自身努力程度成正比，即 $g(a_1, x_1)$ 为努力水平 x_1 的增函数，所以有 $R_1' > 0$；同时，知识成本的边际成本往往是递增的，即 $R_1'' > 0$。因此，在此可假设[120]

$$R_1 = \frac{1}{2} a_1 x_1^2 \tag{6-7}$$

则有

$$DC_1 = DC_{01} + \frac{1}{2}a_1x_1^{\,2} \tag{6-8}$$

（2）业主方项目优化成本。

项目优化事项的实现需要以 BIM 平台以及平台中项目实际信息为基础，BIM 平台的搭建和项目信息的获取需要成本。且项目优化存在一定的风险，该风险通常由业主方承担。因此，对于业主方而言，项目优化成本 DC_2 也由两部分组成：一是 BIM 平台搭建以及平台信息获取的成本；二是项目优化风险成本[120]。则有

$$DC_2 = DC_{02} + R_2 \tag{6-9}$$

式中：DC_{02} 为业主 BIM 平台搭建及信息获取成本；R_2 为业主方项目优化风险成本。BIM 平台信息获取成本即上章所提到的信息共享激励成本，上文已作分析，在此部分设信息获取成本已知。

关于项目优化失败的风险成本，可以作如下理解。如图 6-3 所示，设计方基于 BIM 平台完成项目优化方案后，由业主方组织评审，评审通过后优化方案方能实施。因此，在优化方案实施过程中或工程完成后因项目优化可能导致工程的质量或安全等出现问题，从而导致损失，该损失为风险损失，由发包方承担。风险损失的大小可以用风险损失量和风险发生的概率来度量。因此，有

$$R_2 = p\Gamma \tag{6-10}$$

式中：p 为风险发生的概率；Γ 为风险发生后的损失量。项目优化风险损失量 Γ 通常与优化项目的规模相关。因此，项目优化导致的风险损失量 Γ 可用优化项目最大收益 φP 乘以损失系数 τ 表示，即

$$\Gamma = \varphi P\tau \tag{6-11}$$

式中：τ 为按项目优化方案施工发生质量等事故后，业主方为恢复或修复工程而发生的损失系数，$0 \leqslant \tau$。

项目优化风险发生的概率 p 与项目优化程度 η 相关。因此，可设

$$p = \omega\eta \tag{6-12}$$

式中：ω 为项目优化风险发生概率与优化程度相关系数，表示风险发生的概率 p 与项目优化程度 η 相关性大小，$0 \leqslant \omega \leqslant 1$。

因此，业主方项目优化风险成本 R_2 可表示为

$$R_2 = \varphi P\tau\omega\eta \tag{6-13}$$

则有

$$DC_2 = DC_{02} + \varphi P\tau\omega\eta \tag{6-14}$$

$$DC = DC_{01} + \frac{1}{2}a_1x_1^{\,2} + DC_{02} + \varphi P\tau\omega\eta \tag{6-15}$$

通常情况下，项目优化的实现程度 η 与设计方项目优化努力程度及其努力效用密切相关，所以有

$$\eta = f(b_1, x_1) \tag{6-16}$$

式中：b_1 为设计方努力（知识投入）的效用系数，$0 \leqslant b_1 \leqslant 1$，$b_1$ 越大说明同样努力水平下所取得的项目优化效果越好。

项目优化实现程度与设计方的努力程度正相关，即 $f(b_1,x_1)$ 应为 x_1 的严格单调递增函数，则有 $\partial f/\partial x_1 > 0$；且应满足 $0 \leqslant \eta \leqslant 1$，则可假设

$$\eta = b_1 x_1 + \xi \tag{6-17}$$

式中：ξ 为随机干扰变量，表示外界干扰因素对项目优化效果的影响，假设其服从正态分布，即 $\xi \sim N(0,\sigma^2)$。

在上述条件下，基于 BIM 平台，通过项目优化可实现的水利水电工程项目优化净收益为 $\pi = G - DC$。将 G、DC 代入可得

$$\pi = \varphi P(b_1 x_1 + \xi) - DC_{01} - \frac{1}{2}a_1 x_1^2 - DC_{02} - \varphi P \tau \omega(b_1 x_1 + \xi) \tag{6-18}$$

6.3.3　收益共享模型

水利水电项目实施过程中，设计方基于 BIM 平台及平台内项目实现信息对工程项目进行进一步的优化，从而可取得一定收益。基于收益共享的原则，项目优化所得到的收益需在业主方与设计方之间进行共享。令设计方能够获得优化收益的 γ（$0 < \gamma < 1$）部分，则业主方能够获得优化收益的（$1-\gamma$）部分。设计方和业主方基于 BIM 平台及平台内信息实施项目优化可获得的收益分别为

$$G_1 = \gamma G \tag{6-19}$$

$$G_2 = (1-\gamma)G \tag{6-20}$$

式中：G_1 为设计方基于 BIM 平台实施项目优化的收益；G_2 为业主方 BIM 平台应用收益。

将双方收益减去其为项目优化所付出的成本/代价，则可得到设计方和业主方基于 BIM 平台实施项目优化的净收益分别为

$$\pi_1 = \gamma G - DC_1 \tag{6-21}$$

$$\pi_2 = (1-\gamma)G - DC_2 \tag{6-22}$$

式中：π_1 为设计方净收益；π_2 为业主方净收益。将 G、DC_1、DC_2，代入式（6-21）和式（6-22）中，整理可得

$$\pi_1 = \gamma \varphi P(b_1 x_1 + \xi) - DC_{01} - \frac{1}{2}a_1 x_1^2 \tag{6-23}$$

$$\pi_2 = (1-\gamma)\varphi P(b_1 x_1 + \xi) - DC_{02} - \varphi P \tau \omega(b_1 x_1 + \xi) \tag{6-24}$$

6.3.4　公平关切效用函数

行为科学研究表明，现实中利益主体往往会对交易的公平性表现出极大关注，即主体具有公平关切行为[174]。在双方或多方利益分配过程中，一方会在感到不公平时以自身利益受损为由而拒绝接受相应分配方案[175]。许多实证或试验研究表明了人具有公平关切这一非理性行为的存在[176-177]。主体公平关切行为对主体决策活动有直接影响，水利水电项目 BIM 平台应用优化收益分配过程中不仅应考虑到主体的理性行为，还应考虑利益相关

方公平关切这一非理性行为。

Fehr 和 Schmidt (1989)[174] 认为，考虑主体公平关切行为，参与者的效用可由绝对收入效用、自豪偏好效用和嫉妒偏好效用三部分组成。其中绝对收入效用为绝对收益，自豪偏好效用为正效用，嫉妒偏好效用为负效用[178]。因此，考虑项目优化过程中设计方和业主方公平关切行为，双方效用可表示为

$$S(\pi_1)=\pi_1+k_1'\max[(\pi_1-\pi_2),0]-k_1''\max[(\pi_2-\pi_1),0] \tag{6-25}$$

$$S(\pi_2)=\pi_2+k_2'\max[(\pi_2-\pi_1),0]-k_2''\max[(\pi_1-\pi_2),0] \tag{6-26}$$

式中：k_1' 为设计方自豪偏好系数；k_1'' 为设计方嫉妒偏好系数；且有 $k_1'\geqslant0$，$k_1''\geqslant0$；k_2' 为业主方自豪偏好系数，k_2'' 为业主方嫉妒偏好系数；且有 $k_2'\geqslant0$，$k_2''\geqslant0$。为计算方便，在此可以取 $k_1=k_1'=k_1''$ 来表示设计方公平偏好系数，同时取 $k_2=k_2'=k_2''$ 来表示业主方公平偏好系数，且 $k_1\geqslant0$，$k_2\geqslant0$；公平关切系数越大，代表双方公平关切程度越高，说明双方越注重自身收益分配的公平性。此时，考虑双方公平关切行为及效用函数，可将双方的效用分别表示为

$$S(\pi_1)=\pi_1+k_1(\pi_1-\pi_2) \tag{6-27}$$

$$S(\pi_2)=\pi_2+k_2(\pi_2-\pi_1) \tag{6-28}$$

将 π_1、π_1 代入式(6-27)和式(6-28)，整理可得

$$S(\pi_1)=\gamma\varphi P(b_1x_1+\xi)-DC_{01}-\frac{1}{2}a_1x_1^2+k_1[(2\gamma-1)\varphi P(b_1x_1+\xi)-DC_{01}-\frac{1}{2}a_1x_1^2$$
$$+DC_{02}+\varphi P\tau\omega(b_1x_1+\xi)] \tag{6-29}$$

$$S(\pi_2)=(1-\gamma)\varphi P(b_1x_1+\xi)-DC_{02}-\varphi P\tau\omega(b_1x_1+\xi)-k_2[(2\gamma-1)\varphi P(b_1x_1+\xi)$$
$$-DC_{01}-\frac{1}{2}a_1x_1^2+DC_{02}+\varphi P\tau\omega(b_1x_1+\xi)] \tag{6-30}$$

双方净效益期望值为

$$E(S(\pi_1))=\gamma\varphi Pb_1x_1-DC_{01}-\frac{1}{2}a_1x_1^2+k_1[(2\gamma-1)\varphi Pb_1x_1-DC_{01}-\frac{1}{2}a_1x_1^2$$
$$+DC_{02}+\varphi P\tau\omega b_1x_1] \tag{6-31}$$

$$E(S(\pi_2))=(1-\gamma)\varphi Pb_1x_1-DC_{02}-\varphi P\tau\omega b_1x_1-k_2[(2\gamma-1)\varphi Pb_1x_1-DC_{01}$$
$$-\frac{1}{2}a_1x_1^2+DC_{02}+\varphi P\tau\omega b_1x_1] \tag{6-32}$$

6.3.5　模型求解

由式 (6-31) 可以看出，设计方能够获得的项目优化净收益与其自身努力程度有关，且 $E(S(\pi_1))$ 关于 x_1 存在极大值。因此，对式 (6-31) 关于 x_1 求偏导，并令 $\dfrac{\partial E(S(\pi_1))}{\partial x_1}=0$，可求得

$$x_1^*=\frac{\gamma\varphi Pb_1+k_1[(2\gamma-1)\varphi Pb_1+\tau\omega\varphi Pb_1]}{(1+k_1)a_1} \tag{6-33}$$

则 x_1^* 可表示设计方仅考虑自身利益最大化时的最优设计优化努力程度。

由式（6-33）可以看出，仅从自身利益最大化角度出发设计方最优努力程度 x_1^* 与其自身效用系数 b_1 正相关，与其自身成本系数 a_1 负相关，与自身能够获得的收益分配比例 γ 正相关，同时也与其公平偏好程度相关。

将 x_1^* 值代入式（6-32）可得

$$E(S(\pi_2)) = \frac{(1-\gamma)\gamma\varphi^2 P^2 b_1^2 + (1-\gamma)k_1[(2\gamma-1)\varphi^2 P^2 b_1^2 + \tau\omega\varphi^2 P^2 b_1^2]}{(1+k_1)a_1}$$
$$-DC_{02} - \frac{\gamma\varphi^2 P^2 b_1^2 \tau\omega}{(1+k_1)a_1} - \frac{\tau\omega k_1[(2\gamma-1)\varphi^2 P^2 b_1^2 + \tau\omega\varphi^2 P^2 b_1^2]}{(1+k_1)a_1}$$
$$-k_2\left\{\frac{k_1(2\gamma-1)[(2\gamma-1)\varphi^2 P^2 b_1^2 + \tau\omega\varphi^2 P^2 b_1^2]}{(1+k_1)a_1} + \frac{(2\gamma-1)\gamma\varphi^2 P^2 b_1^2}{(1+k_1)a_1}\right.$$
$$-DC_{01} - \frac{\{\gamma\varphi P b_1 + k_1[(2\gamma-1)\varphi P b_1 + \tau\omega\varphi P b_1]\}^2}{2(1+k_1)^2 a_1} + DC_{02}$$
$$\left.+ \frac{\gamma\varphi^2 P^2 b_1^2 \tau\omega + \tau\omega k_1[(2\gamma-1)\varphi^2 P^2 b_1^2 + \tau\omega\varphi^2 P^2 b_1^2]}{(1+k_1)a_1}\right\} \tag{6-34}$$

对式（6-34）关于 γ 求偏导，可得

$$\frac{\partial E(S(\pi_2))}{\partial \gamma} = \frac{(1-2\gamma)\varphi^2 P^2 b_1^2}{(1+k_1)a_1} + \frac{k_1[(3-4\gamma)\varphi^2 P^2 b_1^2 - \tau\omega\varphi^2 P^2 b_1^2]}{(1+k_1)a_1}$$
$$-\frac{(1+2k_1)\varphi^2 P^2 b_1^2 \tau\omega}{(1+k_1)a_1} - k_2\left\{\frac{(4\gamma-1)\varphi^2 P^2 b_1^2 + 4k_1(2\gamma-1)\varphi^2 P^2 b_1^2 + 2k_1\tau\omega\varphi^2 P^2 b_1^2}{(1+k_1)a_1}\right.$$
$$\left.+\frac{(1+2k_1)\varphi^2 P^2 b_1^2 \tau\omega}{(1+k_1)a_1} - \frac{(1+2k_1)\{\gamma\varphi^2 P^2 b_1^2 + k_1[(2\gamma-1)\varphi^2 P^2 b_1^2 + \tau\omega\varphi^2 P^2 b_1^2]\}}{(1+k_1)^2 a_1}\right\}$$
$$\tag{6-35}$$

显然，式（6-34）关于 γ 有极大值。因此，令 $\dfrac{\partial E(S(\pi_2))}{\partial \gamma} = 0$，可求得业主方利益最大化时的最优分配系数 γ^*，即

$$\gamma^* = \frac{(1+3k_1)(1-\tau\omega)(1+k_1) - k_2[(4k_1+1)(\tau\omega-1)(1+k_1) + (1-\tau\omega)(1+2k_1)k_1]}{(1+2k_1)(3+2k_1)k_2 + 2(1+2k_1)(1+k_1)}$$
$$\tag{6-36}$$

则可得到水利水电项目 BIM 平台应用最优收益共享系数为 γ^*，即设计方可获得 BIM 平台协同应用收益的 γ^* 部分，业主方获得剩余 $(1-\gamma^*)$ 部分。且由式（6-36）可以看出，最优收益共享系数 γ^* 与设计方公平偏好 k_1、业主方公平偏好 k_2、业主方项目优化风险损失系数 τ、项目风险发生概率以及项目优化相关系数 ω 相关。

6.3.6　算例分析

上文建立了水利水电项目 BIM 平台应用收益共享模型，本小节借助算例，对上述模型进行分析，并进一步分析双方公平偏好对水利水电项目 BIM 平台协同应用收益及收益共享结果的影响。

首先，结合工程实际案例，给出案例基本参数如表 6-1 所示。

表 6-1 **基本参数**

参　数	取值	参　数	取值
项目合同金额 P	10.63 亿元	设计方直接成本 DC_{01}	115.45 万元
可实现的最大优化程度 φ	0.03	业主方信息获取成本 DC_{02}	472.83 万元
设计方知识成本系数 a_1	1200 万元	损失系数 τ	0.2
设计方效用系数 b_1	0.80	相关系数 ω	0.15

根据上文建立的收益共享机制，考虑双方公平偏好，通过计算可以获得不同公平偏好程度下设计方的最优努力程度、收益共享系数及项目优化收益如表 6-2 所示。

表 6-2 **不同公平偏好程度下计算结果**

设计方公平偏好 k_1	业主方公平偏好 k_2	设计方努力水平 $x_1{}^*$	收益共享系数 γ^*	总净收益 π	设计方净收益 π_1	业主方净收益 π_2
0	0	1.000	0.485	1286.4	521.9	764.5
	0.2	0.952	0.448	1223.5	428.1	795.4
	0.4	0.902	0.424	1156.0	373.0	783.1
	0.6	0.868	0.408	1108.1	336.9	771.2
	0.8	0.844	0.397	1072.4	311.6	760.8
	1.0	0.825	0.388	1044.8	292.8	752.0
0.2	0	1.000	0.554	1286.4	698.6	587.7
	0.2	0.937	0.517	1204.2	592.5	611.7
	0.4	0.878	0.492	1121.3	524.8	596.5
	0.6	0.836	0.476	1061.3	479.7	581.6
	0.8	0.806	0.463	1015.8	447.4	568.4
	1.0	0.782	0.454	980.3	423.3	557.0
0.4	0	1.000	0.593	1286.4	796.8	489.5
	0.2	0.927	0.555	1189.9	680.6	507.3
	0.4	0.859	0.530	1095.1	603.2	491.9
	0.6	0.812	0.513	1025.4	550.8	474.6
	0.8	0.777	0.500	972.1	512.9	459.1
	1.0	0.750	0.490	930.1	484.4	445.7
0.6	0	1.000	0.617	1286.4	859.3	427.0
	0.2	0.919	0.579	1178.9	734.9	444.0
	0.4	0.845	0.554	1074.6	649.8	424.8
	0.6	0.793	0.536	997.1	591.4	405.6
	0.8	0.755	0.523	937.2	549.0	388.3
	1.0	0.725	0.512	889.8	516.7	373.0

续表

设计方公平偏好 k_1	业主方公平偏好 k_2	设计方努力水平 $x_1{}^*$	收益共享系数 γ^*	总净收益 π	设计方净收益 π_1	业主方净收益 π_2
0.8	0	1.000	0.634	1286.4	902.6	383.8
	0.2	0.913	0.596	1170.2	771.5	398.7
	0.4	0.834	0.570	1058.2	680.1	378.2
	0.6	0.778	0.552	974.1	616.8	357.3
	0.8	0.737	0.538	908.9	570.5	338.3
	1.0	0.704	0.528	856.8	535.2	321.6
1.0	0	1.000	0.647	1286.4	934.3	352.1
	0.2	0.907	0.608	1163.2	797.7	365.5
	0.4	0.825	0.582	1044.8	701.1	343.7
	0.6	0.766	0.564	955.2	633.7	321.5
	0.8	0.722	0.550	885.3	584.1	301.2
	1.0	0.687	0.539	829.3	546.1	283.2

从计算结果可以看出双方公平偏好对设计方努力水平 $x_1{}^*$、收益共享系数 γ^*、设计方收益 π_1、业主方收益 π_2 及 BIM 平台利用总收益 π 均有一定影响。因此，需要对相应影响关系做分析。

（1）双方公平偏好对设计方努力水平的影响。

根据计算结果利用 MATLAB 软件可绘制设计方努力水平 $x_1{}^*$ 与双方公平偏好关系如图 6-5 所示。

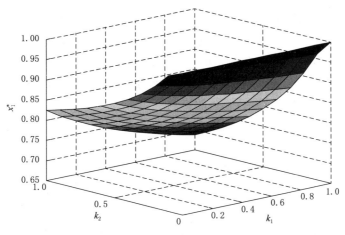

图 6-5 设计方努力程度与双方公平偏好的关系

由图 6-5 可以看出，随着业主方公平偏好程度 k_2 的增加，设计方努力程度会降低（k_2 与 $x_1{}^*$ 轴线），两者呈负相关关系。即业主方越注重自身所获得收益的公平性，设计方会表现出抵触的心理，就越不愿意努力去对 BIM 平台的信息加以利用去优化工程。随着自身公平偏好程度 k_1 的增加，设计方努力程度也会降低（k_1 与 $x_1{}^*$ 轴线内轴线）。自身公平偏好程度越高，同等收益情况下设计方感觉收益分配不公的可能性越大，因此会降低自身努力程度。与此同时，由表 6-2 可以看出，相同公平偏好程度下，业主方公平偏好对设计方努力程度的影响要大于其自身公平偏好的影响。

（2）双方公平偏好对收益共享系数的影响。

根据计算结果利用 MATLAB 软件可绘制双方公平偏好对收益共享系数 γ^* 的影响如图 6-6 所示。

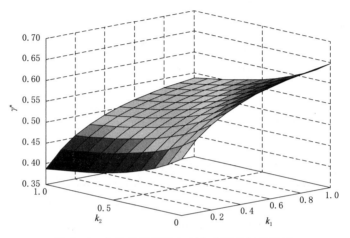

图 6-6　收益共享系数与双方公平偏好的关系

由图 6-6 可以看出，设计方公平偏好程度 k_1 越高，收益共享系数 γ^* 越大（k_1 与 γ^* 轴线），即收益共享系数 γ^* 与设计方公平偏好程度 k_1 正相关；业主方公平偏好程度 k_2 越高，收益共享系数 γ^* 越小（k_2 与 γ^* 轴线），即收益共享系数 γ^* 与业主方公平偏好程度 k_2 负相关。且从 0 到 1 范围内变化，设计方的公平偏好 k_1 对收益共享系数 γ^* 的影响（γ^* 变化幅度）大于业主方公平偏好 k_2 的影响。由于设计方可以获得收益的 γ^* 部分，γ^* 越大对设计方越有利；业主方可以获得收益的 $1-\gamma^*$ 部分，γ^* 越小对其自身越有利。因此，可以看出随着双方公平偏好程度的增加，收益共享系数 γ^* 会向对其自身有利的方向变化。

（3）双方公平偏好对设计方净收益的影响。

根据计算结果利用 MATLAB 软件可绘制双方公平偏好对设计方能够获得的净收益 π_1 的影响如图 6-7 所示。

由图 6-7 可以看出，设计方公平偏好程度 k_1 越高，其能够获得的净收益 π_1 会越大（k_1 与 π_1 轴线），即设计方能够获得的收益 π_1 与其自身公平偏好程度 k_1 正相关；业主方公平偏好程度 k_2 越高，设计方能够获得的净收益 π_1 越小（k_2 与 π_1 轴线），即设计方能够获得的净收益 π_1 与业主方公平偏好程度 k_2 负相关。显然，当业主方不具有公平偏好或公平偏好程度一定时，设计方越关注自身收益共享的公平性，其所获得的收益共享系数越大，所以其获得的净收益也会相对越高。但当设计方不具有公平偏好或公平偏好程度一定时，随着业主方公平偏好程度的提升，设计方所能够获得的收益共享系数会下降，因此其能够获得的净收益也会降低。

（4）双方公平偏好对业主方净收益的影响。根据计算结果利用 MATLAB 软件可绘制

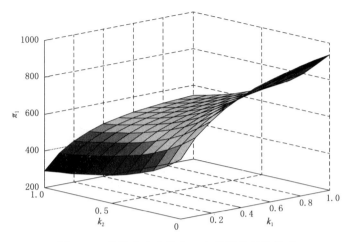

图 6-7 设计方净收益与双方公平偏好的关系

双方公平偏好对业主方能够获得的净收益 π_2 的影响如图 6-8 所示。

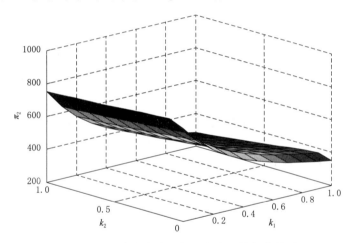

图 6-8 业主方净收益与双方公平偏好的关系

由图 6-8 可以看出，随着设计方公平偏好程度 k_1 的增加，业主方所能获得的净收益 π_2 会降低（k_1 与 π_2 轴线）；随着自身公平偏好程度 k_2 的提升，在较低的公平偏好范围内业主方能够获得的净收益 π_2 会增加，但随着公平偏好程度的增加其能够获得的净收益 π_2 会不断减小（k_2 与 π_2 轴线）。究其原因，当设计方公平偏好程度 k_1 增加时收益共享系数 γ^* 会增大，相应的业主方能够获得的收益分配比例会减小，所以其能够获得的净收益会降低。对其自身而言，较低的公平偏好时随着其公平偏好程度的增加收益共享系数 γ^* 会减小，所以其能够获得的净收益会增大。但是，需要注意的是，业主方所能够获得的净收益不仅与收益共享系数 γ^* 相关，同样也与设计方努力程度相关。如果其公平偏好程度过高，设计方能够获得的收益会降低，设计方所付出的努力程度也会相应降低，相应项目优化总收益会降低，从而导致业主方自身能够获得的净收益降低。因此，业主方应保持适当的公平偏好程度，其自身公平偏好程度不应过高。

（5）双方公平偏好对总净收益的影响。

根据计算结果利用 MATLAB 软件可绘制双方公平偏好对项目能够获得的总净收益 π 的影响如图 6－9 所示。

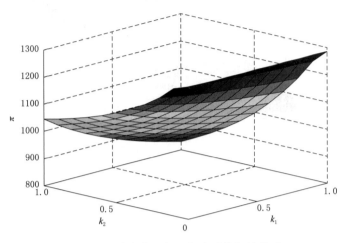

图 6－9　总净收益与双方公平偏好的关系

由表 6－2 和图 6－9 可以看出，双方公平偏好对 BIM 平台协同应用总净收益有显著影响；随着设计方公平偏好程度 k_1 的增加，水利水电项目 BIM 平台利用（项目优化）总净收益 π 会不断减小（k_1 与 π 轴）；随着业主方公平偏好程度 k_2 的增加，BIM 平台利用（项目优化）总净收益 π 也会不断减小（k_2 与 π 轴）。因此，双方过高的公平偏好程度将导致水利水电项目 BIM 平台利用（项目优化）整体效益降低，不利于 BIM 平台价值的实现。因此，从水利水电项目 BIM 平台利用整体效益来看，双方公平偏好程度不应过高。

6.4　水利水电项目 BIM 平台应用收益共享谈判

作为独立法人，项目发包方和设计方均会追求自身利益最大化。因此，收益分配（共享）问题往往为双方高度关注，且影响因素众多，有时难以找到令各参与方均满意的方案。当难以找到令参与方均满意的收益共享方案时，谈判不失为一种有效解决该问题的方法。谈判是管理学中一个重要研究领域，也是争议解决的一种有效方法，工程管理实践中往往伴随着许多谈判活动。因此，接下来本书将进一步尝试用谈判的方法来解决水利水电项目 BIM 平台应用收益共享的问题，以期为水利水电项目 BIM 平台应用收益共享问题的解决提供一种新的解决思路。

6.4.1　谈判模型设计

6.4.1.1　基本假设

（1）基于水利水电项目 BIM 平台通过工程优化可以使项目取得增值，即基于 BIM 平台的项目优化有一定的净收益，且收益由发包方和设计方共享。

（2）双方均为理性人，以追求利益最大化为目的，谈判破裂时双方均不能取得优化收益，因此假定双方中途不会有意退出谈判。

（3）谈判过程中，发包人占有主导地位，因而谈判过程中由发包人率先给出收益共享方案。

6.4.1.2 谈判原则

优化收益共享的实质是收益分配比例（系数）的确定。双方谈判过程可以看作是一个讨价还价博弈过程，设双方在谈判过程中遵循序贯谈判规则。首先，发包方提出收益分配方案，给出收益分配（共享）系数，设计方做出是否接受方案的决策。若设计方不接受发包方的分配方案，设计方需提出新的分配方案并由发包方决定是否接受，依次不断循环。当谈判一方接受对方所提分配方案时，谈判成功。但是，谈判是需要付出精力和时间的，每次谈判双方都需要付出一定的代价，而且工程项目建设实施有一定的时间限制，因而谈判不可能无限期地一直进行下去，设谈判最大周期为 T，谈判时间超出最大谈判周期时，谈判宣告失败，谈判结束。且每个谈判周期双方均会有一定消耗，考虑时间成本、机会成本等谈判相关因素，设每个谈判周期设计方谈判损耗系数为 σ_1，业主方谈判损耗系数为 σ_2。损耗系数是考虑谈判时间成本、机会成本等因素，为谈判需要而设定的虚拟损耗，不计入最终实际优化收益及分配结果。

6.4.1.3 谈判流程

基于上述谈判原则，确定双方谈判流程如下：

第一回合：谈判周期 $t=1$。发包方给出收益分配系数 $\gamma(t=1)$，由设计方选择是否接受发包方的提议。如果设计方接受发包方的方案，则谈判达成一致，谈判结束；如果设计方不接受发包方的分配方案，则设计方需提出新收益分配方案，给出新的收益分配系数 $\lambda(t+1)$。但如果设计方拒绝，谈判不得不进入下一回合，预期收益将会有一定损耗。此时对于设计方，其接受或拒绝发包方所提分配方案时的预期收益分别为

$$\pi_1(a)=\pi_1[\gamma(t=1)] \qquad (6-37)$$

$$\pi_1(r)=(1-\sigma_1)\pi_1[\gamma(t+1)] \qquad (6-38)$$

预期收益是设计方对策抉择的重要依据，如果 $\pi_1(a)>\pi_1(r)$，则设计方接受发包方分配方案，谈判结束；如果 $\pi_1(a)<\pi_1(r)$，设计方将拒绝发包方给出的分配方案，并提出新的收益分配方案，谈判进入第二回合。

第二回合：谈判周期 $t=2$。设计方给出收益分配系数 $\gamma(t=2)$，由发包方决策是否接受该分配方案。如果发包方接受，则谈判达成一致，谈判结束；如果发包方不接受设计方提出的分配方案，则发包方需重新提出新的收益分配方案，给出新的收益分配系数 $\gamma(t+1)$，谈判进入下一回合，与此同时也将再次带来预期收益的损耗。此时对于发包方，其接受和拒绝设计方所提收益分配方案的预期收益分别为

$$\pi_2(a)=(1-\sigma_2)\pi_2[\gamma(t=2)] \qquad (6-39)$$

$$\pi_2(r)=(1-\sigma_2)^2\pi_2[\gamma(t+1)] \qquad (6-40)$$

同样，如果 $\pi_2(a)>\pi_2(r)$，则发包方接受设计方提出的分配方案，谈判结束；如果 $\pi_2(a)<\pi_2(r)$，发包方将拒绝该分配方案，并提出新的收益分配方案，谈判进入第三

回合。

第二回合：谈判周期 $t-3$。发包方再次给出收益分配系数为 $\gamma(t-3)$，由设计方抉择是否接受该分配方案。如果设计方接受，则谈判达成一致，谈判结束；如果设计方不接受该分配方案，则设计方需再次提出新的收益分配方案，给出新的收益分配系数 $\gamma(t+1)$，谈判进入下一回合。与此同时也将又一次带来预期收益的损耗。此时对于设计方，其接受和拒绝发包方所提收益分配方案的预期收益分别为

$$\pi_1(a) = (1-\sigma_1)^2 \pi_1 \big[\gamma(t=3)\big] \tag{6-41}$$

$$\pi_1(r) = (1-\sigma_1)^3 \pi_1 \big[\gamma(t+1)\big] \tag{6-42}$$

同样，如果 $\pi_1(a) > \pi_1(r)$，则发包方接受设计方提出的分配方案，谈判结束；如果 $\pi_1(a) < \pi_1(r)$，发包方拒绝该分配方案，并提出新的收益分配方案，谈判进入第四回合。

谈判过程如此循环下去，直到其中一方接受对方所提出的分配方案或谈判周期 $t>T$ 时，谈判结束。谈判双方将针对收益分配系数 γ 进行讨价还价，每对应一个 γ 值，设计方都会决策出相应的优化努力程度，从而会产生相应的系统优化净收益 π，以及双方可获得的净收益 π_1 与 π_2。

6.4.2　收益共享谈判可行域

谈判开始时对于谈判双方均会有其预期的谈判范围，谈判需在这一范围内进行才有可能达成。谈判结果必须保证双方均有净收益且应满足双方公平偏好，否则谈判将不可能达成。本书所谓收益共享谈判可行域指对谈判双方均能够接受的收益共享系数的范围。

6.4.2.1　设计方谈判可行域

作为独立法人，设计企业以追求利益为目的，设计方不能够获得收益时其不可能基于 BIM 平台去对工程实施优化。因此，收益共享方案首先应满足设计方有净收益，即必须满足 $\pi_1 \geqslant 0$，即有

$$\gamma \varphi P(b_1 x_1 + \xi) - DC_{01} - \frac{1}{2} a_1 x_1^2 \geqslant 0 \tag{6-43}$$

从而可得到

$$\gamma \geqslant \frac{2DC_{01} + a_1 x_1^2}{2\varphi P(b_1 x_1 + \xi)} \tag{6-44}$$

在此，令

$$a = \frac{2DC_{01} + a_1 x_1^2}{2\varphi P(b_1 x_1 + \xi)} \tag{6-45}$$

其次，收益共享方案也必须能够满足设计方的公平偏好心理，当设计方感知收益共享方案有失公平时，其也不会接受收益共享方案，从而也将不会去利用 BIM 平台中项目实际信息对项目进行优化。因此，考虑设计方公平偏好，必须满足 $S(\pi_1) \geqslant 0$，即有

$$S(\pi_1) = \gamma \varphi P(b_1 x_1 + \xi) - DC_{01} - \frac{1}{2} a_1 x_1^2 + k_1 \big[(2\gamma - 1)\varphi P(b_1 x_1 + \xi) - DC_{01} - \frac{1}{2} a_1 x_1^2$$
$$+ DC_{02} + \varphi P \tau \omega (b_1 x_1 + \xi) \big] \geqslant 0 \tag{6-46}$$

从而可得到：

$$\gamma \geqslant \frac{2(1-k_1)DC_{01}+(1-k_1)a_1x_1^2+2k_1DC_{02}+2k_1(\tau\omega-1)(b_1x_1+\xi)\varphi P}{2(1+2k_1)\varphi P(b_1x_1+\xi)} \quad (6-47)$$

令

$$b=\frac{2(1-k_1)DC_{01}+(1-k_1)a_1x_1^2+2k_1DC_{02}+2k_1(\tau\omega-1)(b_1x_1+\xi)\varphi P}{2(1+2k_1)\varphi P(b_1x_1+\xi)} \quad (6-48)$$

设计方可以获得总收益的 γ 部分，且 $0<\gamma<1$。因此，对设计方而言 γ 越大越优。从而可得到设计方收益共享谈判可行域为 $[\gamma^L,1]$，其中 $\gamma^L=\max\{a,b\}$。即对设计方而言收益共享系数 γ 必须满足 $\gamma\in[\gamma^L,1]$。

6.4.2.2　业主方谈判可行域

同理，收益分配必须满足业主方有净收益，否则收益共享谈判将不可能达成，即必须满足 $\pi_2\geqslant0$，则有

$$(1-\gamma)\varphi P(b_1x_1+\xi)-DC_{02}-\varphi P\tau\omega(b_1x_1+\xi)\geqslant0 \quad (6-49)$$

从而可得到

$$\gamma\leqslant1-\frac{DC_{02}+\varphi P\tau\omega(b_1x_1+\xi)}{\varphi P(b_1x_1+\xi)} \quad (6-50)$$

令

$$c=1-\frac{DC_{02}+\varphi P\tau\omega\,(b_1x_1+\xi)}{\varphi P\,(b_1x_1+\xi)} \quad (6-51)$$

收益共享方案也必须满足业主方的公平偏好心理。因此，考虑业主方公平偏好，必须满足 $S(\pi_2)\geqslant0$，即有

$$S(\pi_2)=(1-\gamma)\varphi P(b_1x_1+\xi)-DC_{02}-\varphi P\tau\omega(b_1x_1+\xi)-k_2[(2\gamma-1)\varphi P(b_1x_1+\xi)$$
$$-DC_{01}-\frac{1}{2}a_1x_1^2+DC_{02}+\varphi P\tau\omega(b_1x_1+\xi)]\geqslant0 \quad (6-52)$$

从而可得到

$$\gamma\leqslant\frac{2(1+k_2)(1-\tau\omega)\varphi P(b_1x_1+\xi)-2(1+k_2)DC_{02}+2k_2DC_{01}+k_2a_1x_1^2}{2(2k_2+1)\varphi P(b_1x_1+\xi)} \quad (6-53)$$

令

$$d=\frac{2(1+k_2)(1-\tau\omega)\varphi P(b_1x_1+\xi)-2(1+k_2)DC_{02}+2k_2DC_{01}+k_2a_1x_1^2}{2(2k_2+1)\varphi P(b_1x_1+\xi)} \quad (6-54)$$

对业主方而言，其可以获得总收益的 $1-\gamma$ 部分，且 $0<\gamma<1$。因此，γ 越小对其越有利。从而可得到业主方收益共享谈判可行域为 $[0,\gamma^U]$，$\gamma^U=\min\{c,d\}$。即对业主方而言收益共享系数 γ 必须满足 $\gamma\in[0,\gamma^U]$。

6.4.2.3　谈判可行域

显然，当且仅当收益共享系数能够同时满足设计方及业主方的期望时收益共享谈判才有可能达成。因此，依据双方谈判可行域，可得到双方收益共享谈判的可行域为

$$\gamma\in[\gamma^L,\gamma^U] \quad (6-55)$$

其中，$\gamma^L = \max\{a, b\}$，$\gamma^U = \min\{c, d\}$。

显然，式（6-55）中集合 $[\gamma^L, \gamma^U]$ 不能为空集，即需有 $\gamma^L < \gamma^U$。只有这样收益共享谈判才有可能达成。如果 $\gamma^L > \gamma^U$，即收益共享谈判可行域为空集，则收益共享谈判不可能达成。另外，收益共享谈判可行域的大小决定着收益共享系数的取值范围。因此，收益共享可行域越大，谈判达成的可能性越大；收益共享可行域越小，谈判达成的可能性就会越小。

6.4.3 还价策略

谈判过程中谈判双方均有各自相应的收益共享谈判可行域（设计方为 $[\gamma^L, 1]$，业主方为 $[0, \gamma^U]$），在序贯谈判方式中，谈判双方也会从对自己最有利的分配方案开始，基于一定策略每次给出各自的分配方案（对应相应的收益分配系数 γ）。在进行还价策略选择时谈判双方会基于一定的准则，如时间、资源等。其中基于时间序列的还价策略最为常见。在这种条件下，时间是决定还价参数的关键因素，t 时刻谈判者 x 给予对方 x' 的还价参数 $\gamma_{x \to x'}(t)$ 可表示为

$$\gamma_{x \to x'}(t) = \gamma_{x \to x'}(t) = \begin{cases} \gamma_{\min}^x + \phi(t)(\gamma_{\max}^x - \gamma_{\min}^x) & x = er \\ \gamma_{\max}^x - \phi(t)(\gamma_{\max}^x - \gamma_{\min}^x) & x = de \end{cases} \tag{6-56}$$

式（6-56）中，er 表示业主方，de 表示设计方；$\phi(t)$ 为考虑时间因素的还价决策函数。$\phi(t)$ 可由下式表示：

$$\phi(t) = y^x + (1 - y^x)\left(\frac{t}{T}\right)^{1/\psi} \tag{6-57}$$

式（6-57）中，y^x 为初始效用系数，$y^x \in [0, 1]$。ψ 表示控制系数，$\psi > 0$。y^x 及 ψ 决定着谈判者每次的还价参数，其大小与谈判者的谈判策略相关。

综上，可建立收益共享谈判整体流程如图 6-10 所示。

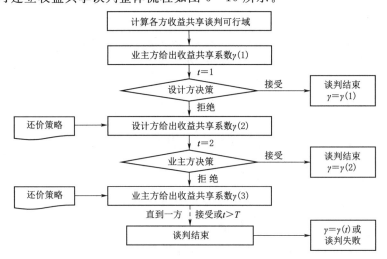

图 6-10 收益共享谈判流程

6.4.4 模拟谈判实验分析

6.4.4.1 参数设定

依据上述建立的 BIM 平台应用收益共享谈判模型，结合工程实际情况，设定仅设计方具有公平关切行为（情景一），仅业主方具有公平关切行为（情景二）及双方均具有公平关切行为（情景三）3 种情景进行模拟谈判分析。结合第 6.3.5 节算例，给出模型基本参数如表 6-3 所示。

表 6-3　　　　　　　　　　　　　基　本　参　数

参　数	取值	参　数	取值
项目合同金额 P	10.63 亿元	相关系数 ω	0.15
可实现的最大优化程度 φ	0.03	初始效用系数 y	0
设计方知识成本系数 a_1	1200 万元	时间控制系数 ψ	2
设计方效用系数 b_1	0.80	设计方谈判损耗系数 σ_1	0.10
设计方直接成本 DC_{01}	115.45 万元	业主方谈判损耗系数 σ_2	0.06
业主方信息获取成本 DC_{02}	472.83 万元	随机干扰变量 ξ	0
损失系数 τ	0.2	谈判最大周期 T	20

6.4.4.2 模拟谈判结果分析

依据上述建立的 BIM 平台应用收益共享谈判模型及实例参数，利用"R 语言"编程对模型进行模拟分析，可得到不同情境中，不同公平偏好程度下谈判达成时的结果，具体分析如下所示。

（1）收益共享谈判结果。

根据上文建立的收益共享谈判模型及表 6-3 参数，分别对 3 种情景中双方不同公平偏好程度下的谈判效果进行模拟分析。通过模拟分析可得到 3 种情景中双方不同公平偏好程度下谈判达成时的谈判周期 t 如图 6-11 所示；谈判达成时的收益共享系数 γ 如图 6-12 所示；基于 BIM 平台应用所能实现的项目优化总收益 π 如图 6-13 所示。

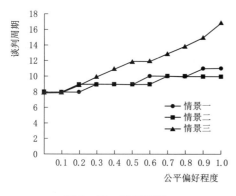

图 6-11　谈判周期 t

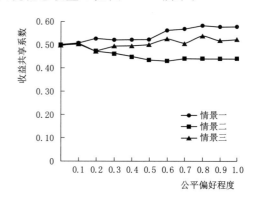

图 6-12　收益共享系数 γ

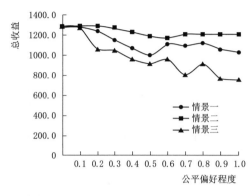

图 6-13　总收益 π

由图 6-11 可以看出，不同情境中，不同公平偏好程度下，谈判达成时的谈判周期会有所不同。总的来看，无论何种情景下，随着双方公平偏好程度的增加，谈判达成时的谈判周期 t 都在不断增大；且相同公平偏好程度下，双方均具有公平偏好情况下（情景三）谈判达成时的谈判周期均大于仅一方具有公平偏好的情景（情景一和情景二）。谈判周期的增加无疑会消耗双方的时间和精力，从而使双方遭受不必要的损失。因此，从谈判效率的角度来看，双方的公平偏好程度不应过高。

由图 6-12 可以看出，不同情境中，不同公平偏好程度下，谈判达成时的收益共享系数 γ 会有所不同。总的来看，仅设计方具有公平偏好情况下（情景一），随其公平偏好程度的增加，谈判达成时收益共享系数 γ 逐渐在增大；仅业主方具有公平偏好情况下（情景二），随其公平偏好程度的增加，谈判达成时收益共享系数 γ 逐渐在减小。双方均具有公平偏好情况下（情景三），随公平偏好程度的增加谈判达成时收益分配系数 γ 略有波动，但整体变化不大。

由图 6-13 可以看出，不同情境中，不同公平偏好程度下，水利水电项目 BIM 平台应用总收益 π 会有所不同。总的来看，无论何种情境下，随着双方公平偏好程度的增加，谈判达成时基于 BIM 平台应用所能实现的项目优化总收益 π 均在不断减小，且双方均具有公平偏好情景下（情景三）下降最为明显。单方具有公平偏好的情境下（情景一和情景二），设计方公平偏好（情景一）对总收益的影响相对业主方（情景二）更明显。因此，从项目整体效益角度来看双方的公平偏好不利于水利水电项目 BIM 平台的应用。

（2）谈判达成时双方能够获得的收益。

依据表 6-3 参数及谈判达成时的收益共享系数，可计算不同情境中，不同公平偏好程度下谈判达成时双方所能够获得的收益，如图 6-14、图 6-15 和图 6-16 所示。

由图 6-14～图 6-16 可知，不同情境中，不同公平偏好程度下，谈判达成时双方能够获得的收益会不同，双方公平关切行为对谈判达成时双方能够获得的收益有显著影响。

由图 6-14 可以看出，情景一（仅设计方具有公平偏好）中，谈判达成时设计方收益会

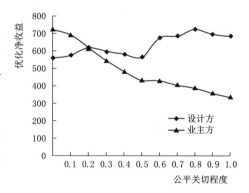

图 6-14　情景一下双方净收益

随公平偏好程度的增加而逐渐增大；与此同时，业主方所获的收益逐渐在减小，且业主方收益减小幅度大于设计方收益增加幅度。

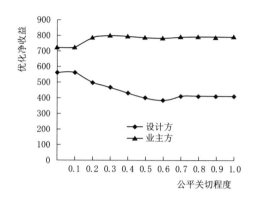

图6-15　情景二下双方净收益

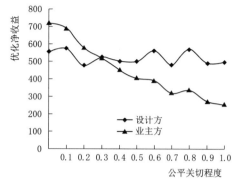

图6-16　情景三下双方净收益

由图6-15可以看出，情景二（仅业主方具有公平偏好）中，随公平偏好程度的增加谈判达成时业主方所能获得的收益会略有增加；与此同时，设计方所能够获得的收益逐渐在减小，且设计方所能够获得收益的减小幅度大于业主方收益增加的幅度。

由图6-16可以看出，情景三（双方均具有公平偏好）中，随公平偏好程度的增加，设计方所能够获得的收益略有波动，但整体变化不大，但业主方能够获得的收益却在不断减小。

总体来看，仅一方具有公平偏好情景下（情景一和情景二），随着自身公平偏好程度的增加，谈判达成时他们所能够获得的收益会有所增加，但与此同时对方能够获得的收益在不断减小。

综上可以看出，谈判可以有效解决水利水电项目BIM平台应用收益共享的问题，必要时谈判不失为一种水利水电项目BIM平台应用收益共享问题解决的途径。但是，还应该看到谈判过程中双方的公平偏好对谈判结果有直接影响。虽然单方具有公平偏好情景下，具有公平偏好一方能够获得的收益会随其公平偏好程度的增加而增加，似乎对其有利。但与此同时，随着公平偏好程度的增加，谈判达成时的谈判周期 t 在不断增加，基于BIM平台应用能够实现的项目优化总收益 π 也在不断减小。特别是双方均具有公平偏好时，对谈判达成时的谈判周期 t 及项目优化总收益 π 影响十分明显。因而，当双方利用谈判的手段来解决收益共享问题时，应注意公平偏好不应过高。

6.5　本　章　小　结

BIM平台的高效应用需要相应的制度保证，收益共享机制的建立是水利水电项目BIM平台高效应用的基础。因此，本章在分析水利水电项目BIM平台应用及应用价值的基础上，首先基于收益共享理论，以设计方和业主方共享BIM平台应用收益为例，考虑双方信息利用成本及公平偏好，从收益共享的角度出发建立了水利水电项目BIM平台应用收益共享模型。并分析了双方公平偏好对 BIM 平台应用收益及其共享的影响。此外，考虑收益共享问题的复杂性，且收益共享问题往往伴随谈判的过程，本书又将谈判的方法引入 BIM 平台应用收益共享问题解决中，建立了水利水电项目 BIM 平台应用收益共享谈判模型，并进一步分析了双方公平偏好对 BIM 平台应用收益及其收益共享谈判结果的影响，以期为 BIM 平台高效应用提供支撑。

第7章 结 论 与 展 望

7.1 研 究 结 论

　　水利是经济发展和社会进步的重要根基，也是基础设施建设的核心领域，既承担着"兴利、除害"的重任，又肩负着"稳增长、稳投资"的使命，在社会经济高质量发展中发挥着先导性和基础性作用。近年来，随着水利行业和水利工程建设的不断发展，我国水利水电建设技术水平和管理能力得以不断提高，完成了诸多举世瞩目的重大水利工程建设，许多水利水电工程建造技术水平已居世界前列。但还应看到，我国水利工程建设与管理还存在一些短板，当下我国水利水电工程建设信息化程度及信息利用效率并不高，水利水电工程建设质量和效率还有待进一步提升。在国家大力推进国家水网建设的背景下，如何进一步提高水利工程建设的质量和效益是一个值得深思的问题。

　　BIM技术是建筑业继CAD技术之后的又一次革命，BIM技术的产生和发展为水利水电工程建设创新发展提供了重要支撑。基于BIM可以构建水利水电项目建设信息共享和协同优化的平台，使信息在项目全生命周期内各参与方之间的共享成为可能。且在工程项目建设过程中，基于BIM平台可对工程进行动态优化，从而可提升水利水电工程建设的质量和效率。然而，BIM的有效应用不仅仅是简单的技术问题，更重要的是管理和实践问题。水利水电项目BIM平台的有效应用离不开相应有效的管理体系和机制的支撑。本书针对BIM在水利水电工程中的高效应用的问题，从管理的视角，研究了水利水电项目BIM平台的构建模式及其管理机制，以期通过BIM平台的建设和高效应用提升水利水电工程建设的质量和效率。通过本书的研究，得出主要结论如下：

　　（1）现阶段可行的水利水电项目BIM平台构建模式有4种，包括业主方自建模式、设计方主导模式、委托第三方模式和咨询方辅助模式。不同的水利水电项目BIM平台构建模式有其不同的特点。同样，不同的水利水电项目有其自身的特点，不同的水利水电项目也应有其最适用的BIM平台构建模式。对于具体水利水电工程项目，有必要根据其特点对其最适用的BIM平台构建模式进行设计。水利水电项目BIM平台构建模式设计时，项目特性、业主方能力以及平台构建的成本和效用等往往会影响BIM平台构建模式的选择。此外，本书基于改进的区间直觉模糊群决策方法建立了水利水电项目BIM平台构建模式决策模型，可为水利水电项目BIM平台构建模式决策提供支撑。

　　（2）在水利水电工程BIM平台的协同应用下，反映业主方、设计方和施工方三方决策的演化博弈模型中存在理想的具有渐进稳定性的局部均衡点〔施工方共享信息，设计方接收信息，业主方不激励〕。业主方可以通过采取寻求质量咨询服务或强化自身管理能力提高对施工方和设计方机会主义行为的发现概率，也可在发现后提高对机会主义行为的处罚力度，推动系统演化趋向于"施工方共享信息，设计方接收信息，业主方不激励"的理想结果。通过事前宣传以及有关知识培训等手段，可以提高收益感知价值敏感程度并降低损失感知价值敏感程度，可以使施工方更倾向于规避受到惩罚的风险而选择积极共享信息，而设计方更倾向于放弃机会主义行为而采取积极优化策略，进一步保证工程质量，提高各方的合规收益，成功实现建设工程的价值共创。

（3）水利水电项目 BIM 平台应用的基础是参建各方能积极主动提供项目实际信息，即 BIM 平台需要参建各方共同建设。然而，委托代理机制下，共享关键信息与承包人自身利益最大化存在矛盾。因此，作为 BIM 应用最大的获益者，项目发包人需要激励项目参建各方积极主动提供信息来共建 BIM 平台。基于不完全契约及委托代理激励理论，发包人可以考虑信息共享的直接成本和机会成本，构建水利水电项目 BIM 平台共建激励机制，以促进项目参建各方积极主动提供信息来共建 BIM 平台。

（4）水利水电项目 BIM 平台的有效应用能够有效提升水利工程建设质量和效率，然而水利水电工程建设多利益主体参与下，收益的共享关系到 BIM 平台的应用效果。基于收益共享理论，发包人可以从共赢的理念出发，考虑承包人的投入、努力程度和努力效用以及其公平偏好，构建水利水电项目 BIM 平台应用收益共享机制。必要时，谈判也不失为一种有效解决收益共享的手段，发包人可以利用谈判来解决 BIM 平台应用收益共享的问题。

上述研究成果和结论可以为水利水电工程发包人综合应用 BIM 技术提供支撑，为水利水电工程业主方 BIM 平台的建设和高效运行提供支撑。通过 BIM 平台的有效建设和高效应用，提升水利工程建设的质量和效益，进而促进水利工程高质量发展。与此同时，本书研究成果也可以为其他类似工程项目建设 BIM 协同应用提供参考。

7.2 研究不足及展望

BIM 技术在我国的应用时间并不久，在水利水电工程中的应用更是刚刚起步。当前我国 BIM 应用层次还较低，应用尚处于"碎片化"阶段，大多仅限于设计阶段的建模，进行三维展示及碰撞分析。基于 BIM 的多方协同应用研究较少，BIM 综合应用模式缺失。本书的研究只是从管理的视角，针对水利水电项目 BIM 平台的构建、建设及应用方面作了一些工作，限于个人能力及时间问题，文中还存在一些不足之处，有待进一步深入研究。

（1）本书针对 BIM 在水利水电工程中的应用，仅从管理的角度对水利水电项目 BIM 平台建设和应用进行了研究，研究了 BIM 平台构建模式及其决策问题，以及水利水电项目 BIM 平台共建激励机制及其应用收益共享机制。但是，BIM 平台的构建离不开相应技术的支撑。本书未涉及 BIM 技术层面问题的研究，关于水利水电项目 BIM 平台构建技术层面实现问题的研究有待进一步完善。

（2）BIM 的应用改变了传统工程建设参与各方的协作方式，客观上要求管理的变革，这也就要求工程交易方式的变革。本书仅对水利水电项目 BIM 平台的构建和应用相关的管理体系和机制做了相应研究，未对 BIM 对水利工程交易方式的影响加以分析，也未对基于 BIM 的水利水电工程交易方式优化设计进行研究，这也将是下一步研究的一个方向。

（3）本书从理论上分析了水利水电项目 BIM 平台应用收益共享问题，并建立了相应的收益共享模型及收益共享谈判模型。但是，所建立的模型相对较为复杂，工程实践中相关参数也较难确定。因而，所建立的模型与工程实践可能还存在差距。因此，针对水利水电项目 BIM 平台应用收益共享的研究还有待完善，以提出操作性更强的收益共享方法。

在今后的工作学习中，作者也将会继续关注 BIM 相关应用实践和研究的进展，并结合水利水电工程，继续从事 BIM 应用管理理论和方法的研究，另外也会积极参与 BIM 应用实践，结合工程实践加深对 BIM 应用管理的认识，积累相关经验，争取能够取得更为深入的研究成果。

参　考　文　献

［1］ 王敏. 基于 BIM 技术的公共项目利益相关者沟通平台研究 ［D］. 兰州：兰州交通大学，2017.

［2］ 赵继伟. 水利工程信息模型理论与应用研究 ［D］. 北京：中国水利水电科学研究院，2016.

［3］ 钟炜，乜凤亚，杜泽超. BIM 情境下公建项目多利益方协同要素分析 ［J］. 科技管理研究，2016 （22）：190 − 196.

［4］ Swan W，Khalfan M M A. Mutual objective setting for partnering projects in the public sector ［J］. Engineering，Construction and Architectural Management，2007，14 （2）：119 − 130.

［5］ Eastman C，Fisher D，Lafue G，et al. An Outline of the Building Description System ［R］. Institute of Physical Planning，Carnegie − Mellon University，1974.

［6］ 张静晓，谢海燕，樊松丽，等. BIM 管理与应用 ［M］. 北京：人民交通出版社，2017.

［7］ 中华人民共和国建设部. JG/T 198—2007 建筑对象数字化定义 ［S］. 2007.

［8］ 中华人民共和国住房和城乡建设部. GB/T 51212—2016 建筑工程信息模型应用统一标准 ［S］. 2016.

［9］ 徐勇戈，孔凡楼，高志坚. BIM 概论 ［M］. 西安：西安交通大学出版社，2016.

［10］ Song S，Yang J，Kim N. Development of a BIM − based structural framework optimization and simulation system for building construction ［J］. Computers in Industry，2012，63 （9）：895 − 912.

［11］ Latiffi A A，Mohd S，Kasim N，et al. Building Information Modeling （BIM） application in malaysian construction industry ［J］. International Journal of Construction Engineering ＆ Management，2013，2 （A）：1 − 6.

［12］ Irizarry J，Karan E P，Jalaei F. Integrating BIM and GIS to improve the visual monitoring of construction supply chain management ［J］. Automation in Construction，2013，31 （5）：241 − 254.

［13］ Kim C，Son H，Kim C. Automated construction progress measurement using a 4D building information model and 3D data ［J］. Automation in Construction，2013，31：75 − 82.

［14］ Lu Y，Wu Z，Chang R，et al. Building Information Modeling （BIM） for green buildings：A critical review and future directions ［J］. Automation in Construction，2017，83：134 − 148.

［15］ Malekitabar H，Ardeshir A，Sebt M H，et al. Construction safety risk drivers：A BIM approach ［J］. Safety Science，2016，82：445 − 455.

［16］ Pärn E A，Edwards D J，Sing M C P. The building information modelling trajectory in facilities management：A review ［J］. Automation in Construction，2017，75 （5）：45 − 55.

［17］ Zou Y，Kiviniemi A，Jones S W. A review of risk management through BIM and BIM − related technologies ［J］. Safety Science，2017，97：88 − 98.

［18］ Smith P. Project cost management with 5D BIM ［J］. Procedia − Social and Behavioral Sciences，2016，226：193 − 200.

［19］ Chen L，Luo H. A BIM − based construction quality management model and its applications ［J］. Automation in Construction，2016，46：64 − 73.

［20］ Belcher E J，Abraham Y S. Lifecycle applications of building information modeling for transportation infrastructure projects ［J］. Buildings，2023，13 （9）：2300.

［21］ 张柯杰，苏振民，金少军. 基于 BIM 与 AR 的施工质量活性系统管理模型构建研究 ［J］. 工程管理学报，2017，31 （6）：118 − 123.

［22］ Liu Y，Nederveen S V，Hertogh M. Understanding effects of BIM on collaborative design and construction：An empirical study in China［J］. International Journal of Project Management，2017，35（4）：686 – 698.

［23］ Akinade O O，Oyedele L O，Ajayi S O，et al. Designing out construction waste using BIM technology：Stakeholders' expectations for industry deployment［J］. Journal of Cleaner Production，2018，180：375 – 385.

［24］ 张建平，李丁，林佳瑞，等. BIM 在工程施工中的应用［J］. 施工技术，2012，41（16）：18 – 21.

［25］ 丁烈云. BIM 应用·施工［M］. 上海：同济大学出版社，2015.

［26］ 杜康. BIM 技术在装配式建筑虚拟施工中的应用研究［D］. 聊城：聊城大学，2017.

［27］ 李寒哲，苏振民，钱经. IPD 模式下基于 BIM – 5D 的工程成本协同控制研究［J］. 建筑经济，2017，38（3）：30 – 34.

［28］ Kim Y – O，So – Yeong M，Yoon H，et al. Development of automation technology for modeling of railway infrastructure using BIM library［J］. KIBIM Magazine，2022，12（3）：18 – 29.

［29］ Zhao H. Application of BIM technology in data collection of large – scale engineering intelligent construction［J］. Wireless Communications & Mobile Computing，2022，2022（4）：1 – 9.

［30］ Song Z，Shi G，Wang J，et al. Research on management and application of tunnel engineering based on BIM technology［J］. Journal of Civil Engineering and Management，2019，25(8)：785 – 797.

［31］ Xie X. Application method of BIM technology in green engineering construction［J］. Agro Food Industry Hi – Tech，2017，28（1）：119 – 121.

［32］ Yang Y，Wei X. Research and application of BIM technology in the design of prefabricated and assembled concrete structures［J］. Agro Food Industry Hi – Tech，2017，28（1）：542 – 546.

［33］ Jing P. The application of bim technology in simulation modeling of concrete DAM construction［J］. Agro Food Industry Hi – Tech，2017，28（3）：1757 – 1761.

［34］ Zhang W，Liu Y，Yu S，et al. The application research of BIM technology in the construction process of yancheng nanyang airport［J］. Buildings，2023，13（11）：2846.

［35］ Gao J，Fischer M. Framework and case studies comparing implementations and impacts of 3D/4D modeling across projects.［D］Stanford University，2008.

［36］ Azhar S. Building Information Modeling（BIM）：trends，benefits，risks，and challenges for the AEC industry［J］. Leadership & Management in Engineering，2011，11（3）：241 – 252.

［37］ 何关培. BIM 内省［J］. 建筑技艺，2013（2）：204 – 209.

［38］ Bryde D，Broquetas M，Volm J M. The project benefits of Building Information Modelling（BIM）［J］. International Journal of Project Management，2013，31（7）：971 – 980.

［39］ 马智亮. 追根溯源看 BIM 技术的应用价值和发展趋势［J］. 施工技术，2015，44（6）：1 – 3.

［40］ 许炳，朱海龙. 我国建筑业 BIM 应用现状及影响机理研究［J］. 建筑经济，2015，36（3）：10 – 14.

［41］ 王淑嫱，周启慧，田东方. 工程总承包背景下 BIM 技术在装配式建筑工程中的应用研究［J］. 工程管理学报，2017，31（6）：39 – 44.

［42］ Beazley S，Heffernan E，Mccarthy T J. Enhancing energy efficiency in residential buildings through the use of BIM：The case for embedding parameters during design［J］. Energy Procedia，2017，121：57 – 64.

［43］ 王晓涛. 建筑信息模型全面推广需七八年［N］. 中国经济导报，2010 – 07 – 03.

［44］ 黄凯，唐环宇，刘奕彪，等. 公共建筑绿色节能运维分析［J］. 江苏建筑，2021，（S2）：83 – 85＋

90.

[45] Fernandez Rodriguez J F. Implementation of BIM virtual models in industry for the graphical coordination of engineering and architecture projects [J]. Buildings, 2023, 13 (3): 743.

[46] Yuan J, Li X, Ke Y, et al. Developing a building information modeling – based performance management system for public – private partnership [J]. Engineering, Construction and Architectural Management, 2020, 27 (8): 1727 – 1762.

[47] 潘佳怡, 赵源煜. 中国建筑业 BIM 发展的阻碍因素分析 [J]. 工程管理学报, 2012, 26 (1): 6 – 11.

[48] 刘波, 刘薇. BIM 在国内建筑业领域的应用现状与障碍研究 [J]. 建筑经济, 2015, 36 (9): 20 – 23.

[49] 丰景春, 赵颖萍. 建设工程项目管理 BIM 应用障碍研究 [J]. 科技管理研究, 2017, 37 (18): 202 – 209.

[50] Han Y, Damian P. Benefits and Barriers of Building Information Modelling [C]. 12th International Conference on Computing in Building Engineering, 2008: 1 – 5.

[51] 何清华, 钱丽丽, 段运峰, 等. BIM 在国内外应用的现状及障碍研究 [J]. 工程管理学报, 2012, 26 (1): 12 – 16.

[52] Meng Q, Zhang Y, Li Z, et al. A review of integrated applications of BIM and related technologies in whole building life cycle [J]. 2020, 27 (8): 1647 – 1677.

[53] Almuntaser T, Sanni – Anibire M O, Hassanain M A. Adoption and implementation of BIM – case study of a saudi arabian AEC firm [J]. International Journal of Managing Projects in Business, 2018, 11 (3): 608 – 624.

[54] 张城俊. 业主方的 BIM 技术应用分析 [J]. 科技创新与应用, 2018 (01): 154 – 156.

[55] 赵光士. 水利水电工程三维图形建模研究 [D]. 北京: 清华大学, 2013.

[56] 苗倩. BIM 技术在水利水电工程可视化仿真中的应用 [J]. 水电能源科学, 2012 (10): 139 – 142.

[57] 秦丽芳. BIM 技术在水电工程施工安全管理中的研究 [D]. 武汉: 华中科技大学, 2013.

[58] 杜成波. 水利水电工程信息模型研究及应用 [D]. 天津: 天津大学, 2014.

[59] 孙少楠, 张慧君. BIM 技术在水利工程中的应用研究 [J]. 工程管理学报, 2016, 30 (2): 103 – 108.

[60] 康细洋, 唐娟. 基于 BIM 系统的水利水电工程项目投资管理研究 [J]. 项目管理技术, 2016, 14 (1): 69 – 71.

[61] Yang Z, Li M, Chen E D, et al. Research on the application of BIM – based green construction management in the whole life cycle of hydraulic engineering [J]. Water Supply, 2023, 23 (8): 3309 – 3322.

[62] 陈垒, 刘德斌. BIM 技术在水利水电工程可视化仿真中的应用 [J]. 智能建筑与智慧城市, 2023 (7): 175 – 177.

[63] 童亮瑜. BIM 技术应用于水利水电工程安全生产的探讨 [J]. 新型工业化, 2022, 12 (9): 161 – 164.

[64] 刘玉玺, 刘战生. BIM 技术在海外水利水电工程中的应用 [J]. 中国水利, 2021 (20): 126 – 129.

[65] 李汶谕. 基于 BIM 技术的水利工程边坡三维地质建模 [J]. 河南水利与南水北调, 2024, 53 (2): 75 – 76.

[66] 魏昆仑. BIM 技术在防洪堤设计中的应用研究 [J]. 云南水力发电, 2023, 39 (7): 141 – 143.

[67] 孙少楠, 沈春. 基于灰色系统理论的水利水电工程 BIM 信息交互成熟度模型研究 [J]. 水力发电, 2017, 43 (12): 45 – 48.

[68] 李宗宗, 刘李. BIM 在水利水电工程施工中的应用初探 [J]. 四川水力发电, 2017, 36 (2): 88 – 90.

[69] 马飞. 基于 BIM 的水利工程安全监测管理系统研究 [D]. 邯郸: 河北工程大学, 2017.

[70] 吕明昊. 规划阶段水工结构 BIM 建模技术研究 [D]. 郑州: 华北水利水电大学, 2017.

[71] Singh V，Gu N，Wang X. A theoretical framework of a BIM – based multi – disciplinary collabora-tion platform [J]. Automation in Construction，2011，20 (2)：134 – 144.

[72] 李犁. 基于 BIM 技术建筑协同平台的初步研究 [D]. 上海：上海交通大学，2012.

[73] 李犁，邓雪原. 基于 BIM 技术的建筑信息平台的构建 [J]. 土木建筑工程信息技术，2012 (2)：25 – 29.

[74] Das M，Cheng J C，Kumar S S. Social BIM Cloud：a distributed cloud – based BIM platform for object – based lifecycle information exchange [J]. Visualization in Engineering，2015，3 (1)：1 – 20.

[75] 李明瑞，李希胜，沈琳. 基于 BIM 的建筑信息集成管理系统概念模型 [J]. 森林工程，2015，31 (1)：143 – 148.

[76] Zhang S，Pan F，Wang C，et al. BIM – Based Collaboration Platform for the Management of EPC Projects in Hydropower Engineering [J]. Journal of Construction Engineering & Management，2017，143 (12)：4017087.

[77] 康丽华，侯君华，韩保刚，等. 基于 Cloud & BIM 的智慧建筑项目管理信息平台设计 [J]. 河北工业科技，2017，34 (6)：459 – 464.

[78] 魏晨康，徐汉涛，郑承红，等. 基于施工总承包管理的 BIM 协同信息管理平台开发及探索 [J]. 施工技术，2017 (22)：1 – 4.

[79] 杨玲，李靖，王飞，等. 基于 BIM＋B/S 的水库工程数字化展示平台的构建 [J]. 水利信息化，2024 (2)：69 – 73.

[80] 黄剑文，吴福居. BIM＋项目管理系统融合应用及平台构建研究 [J]. 中国建设信息化，2024 (2)：52 – 55.

[81] 周昊. 基于 BIM 技术的机电工程施工风险预警平台 [J]. 物联网技术，2023，13 (11)：100 – 102.

[82] 李奕. 基于 BIM 的建筑工程进度管理可视化平台构建 [J]. 中国高新科技，2022 (22)：128 – 129.

[83] Jang K，Kim J W，Ju K B，et al. Infrastructure BIM Platform for Lifecycle Management [J]. Applied Sciences – Basel，2021，11 (21)：10310.

[84] Guo T，Wang J. A Study of the Owner's Commission Model and Incentive Contract Based on Prin-cipal – Agent Relationship [J]. Systems Engineering Procedia，2011 (1)：399 – 405.

[85] Berends T C. Cost plus incentive fee contracting — experiences and structuring [J]. International Journal of Project Management，2000，18 (3)：165 – 171.

[86] 王梅，王卓甫，朱玉彩. 大型水利工程建设项目招标设计博弈模型分析 [J]. 土木工程与管理学报，2014 (4)：92 – 97.

[87] 马智亮，马健坤. 消除建筑工程设计变更的定量激励机制 [J]. 同济大学学报（自然科学版），2016，44 (8)：1280 – 1285.

[88] Wu G，Zuo J，Zhao X. Incentive Model Based on Cooperative Relationship in Sustainable Construc-tion Projects [J]. Sustainability，2017，9 (7)：1191.

[89] 赵辉，邱玮婷，屈微璐，等. IPD 模式下工程项目团队激励机制研究 [J]. 青岛理工大学学报，2019，40 (1)：15 – 21.

[90] 王丰，王红瑞，来文立，等. 再生水利用激励机制研究 [J]. 水资源保护，2022，38 (2)：112 – 118＋46.

[91] 张宏，史一可. 针对 EPC 项目总承包商的绩效激励机制 [J]. 系统工程，2020，38 (6)：52 – 60.

[92] 许佳君，李萍. 河长制建设中的公众参与激励机制——以德清"生态绿币"为例 [J]. 水利经济，2021，39 (2)：68 – 71＋97＋72.

［93］ 张宏，符洪锋. 结合智能安全帽的建筑工人施工安全行为绩效考核及激励机制［J］. 中国安全生产科学技术，2019，15（3）：180－186.

［94］ 王涛. 基于云－BIM 的重大工程信息集成系统研究［D］. 武汉：华中科技大学，2016.

［95］ 张建设，张晶然，靳静. 基于信息共享的工程建设安全监管激励机制研究［J］. 工程管理学报，2016，30（5）：126－130.

［96］ Chang C Y, Howard R. How to incentivize BIM participation? Conceptual framework and empirical evidence ［J］. Bartlett School of Construction and Project Management，Univ. College London，London，2016.

［97］ 孙钢柱，昝晓方，严亚丹. 业主与全过程工程咨询方的信息共享博弈［J］. 土木工程与管理学报，2022，39（6）：9－17.

［98］ Wang Q K, Shi Q. The incentive mechanism of knowledge sharing in the industrial construction supply chain based on a supervisory mechanism ［J］. Engineering Construction and Architectural Management，2019，26（6）：989－1003.

［99］ 张旭梅，王波，刘益，等. 基于第三方共享制造平台的供应链质量信息披露与激励机制研究［J］. 中国管理科学，2024，1－12.

［100］ Wang L, Jiao X, Hao Q. Modeling the incentive mechanism of information sharing in a dual－channel supply chain ［J］. Discrete Dynamics in Nature and Society，2021，2021：2769353.

［101］ Ammar M A. Optimization of project time－cost trade－off problem with discounted cash flows ［J］. Journal of Construction Engineering & Management，2011，137（1）：65－71.

［102］ Dalton S K, Atamturktur S, Farajpour I, et al. An optimization based approach for structural design considering safety, robustness, and cost ［J］. Engineering Structures，2013，57（12）：356－363.

［103］ 赵丹. 基于蚁群算法的建筑工程项目多目标优化研究［D］. 邯郸：河北工程大学，2016.

［104］ 刘楠楠. 工程项目进度-费用优化研究［D］. 西安：西安建筑科技大学，2013.

［105］ 李宝宝. 利用 BIM 技术优化建设工程项目的成本控制与进度管理［J］. 智能建筑与智慧城市，2023（12）：91－93.

［106］ 刘晓娟. 关键链技术在工程项目进度优化中的应用［J］. 科技与创新，2023（5）：170－172＋175.

［107］ 王琦. EPC 工程总承包项目管理模式的现状及优化措施［J］. 江西建材，2022（8）：372－373.

［108］ 彭东辉. EPC 模式下铁路项目的施工图阶段设计优化［J］. 铁路技术创新，2023（2）：30－34.

［109］ 李永洲. 建筑工程项目招投标阶段造价管理优化研究［J］. 中国招标，2024（3）：113－115.

［110］ Xu Y, Peng C, Wang C, et al. Benefit distribution of the agricultural products green supply chain based on modified shapley value；proceedings of the proceedings of the ninth international conference on management science and engineering management，Berlin，Heidelberg，F 2015//，2015 ［C］. Springer Berlin Heidelberg.

［111］ Hosseini－Motlagh S M, Choi T M, Johari M, et al. A profit surplus distribution mechanism for supply chain coordination：An evolutionary game－theoretic analysis ［J］. European Journal of Operational Research，2022，301（2）：561－575.

［112］ Dai P, Xu J, Li W. Research on profit distribution of logistics alliance considering communication structure and task completion quality ［J］. Processes，2022，10（6）：1139.

［113］ Qin Q, Jiang M, Xie J, et al. Game analysis of environmental cost allocation in green supply Chain under fairness preference ［J］. Energy Reports，2021（7）：6014－6022.

［114］ Jiang M, Chen D, Yu H. Research on reward and punishment contract model and coordination of green supply chain based on fairness preference ［J］. Sustainability，2021，13（16）：8749.

[115] 温修春，何芳，马志强. 我国农村土地间接流转供应链联盟的利益分配机制研究——基于"对称互惠共生"视角 [J]. 中国管理科学，2014，22（7）：52–58.

[116] Shang T，Zhang K，Liu P，et al. What to allocate and how to allocate? —Benefit allocation in shared savings energy performance contracting projects [J]. Energy，2015，91：60–71.

[117] Guo S，Wang J，Xiong H. The Influence of effort level on profit distribution strategies in IPD projects [J]. Engineering Construction and Architectural Management，2023，30（9）：4099–4119.

[118] 周峰，郑曼玲，陈虹宇，等. 分享型能源改造合同利益分配优化设计 [J]. 土木工程与管理学，2017，34（6）：109–14.

[119] 王卓甫，凌阳明星，丁继勇，等. 南水北调工程设计优化收益分配模型分析 [J]. 科技管理研究，2016，36（19）：220–223.

[120] An X，Li H，Ojuri O，et al. Negotiation model of design optimization profit distribution with fairness concerns in construction projects [J]. Ksce Journal of Civil Engineering，2018，22（7）：2178–2187.

[121] 王丹. 基于 BIM 技术的项目参与方合作博弈利益分配研究 [D]. 郑州：华北水利水电大学，2017.

[122] Wang Y，Liu J. Evaluation of the excess revenue sharing ratio in PPP projects using principal–agent models [J]. International Journal of Project Management，2015，33（6）：1317–1324.

[123] Ding J，Chen C，An X，et al. Study on added–value sharing ratio of large EPC hydropower project based on target cost contract：A Perspective from China [J]. Sustainability，2018，10（10）：3362.

[124] 杨艳平，罗福周，王博俊，等. 工程分包模式下质量优化收益共享群体激励演化研究 [J]. 西安建筑科技大学学报（自然科学版），2017，49（5）：740–746.

[125] 吴绍艳，于蕾，邓斌超，等. 不同公平参照点下总承包工程供应链收益共享契约设计 [J]. 工业工程，2023，26（4）：52–61.

[126] 张励行. EPC 项目收益共享分配方案研究 [J]. 价值工程，2020，39（6）：61–62.

[127] Li H，Ng T S，Skitmore M，et al. Barriers to building information modelling in the Chinese construction industry [J]. Municipal Engineer，2017，170（2）：105–115.

[128] 宦国胜，王海俊，沈国华. 水利工程中三维信息模型技术平台的比选和应用 [J]. 江苏水利，2015（1）：41–43.

[129] 何关培. 企业 BIM 应用关键点的分析与思考 [J]. 工程质量，2015，33（8）：8–12.

[130] 张洋. 基于 BIM 的建筑工程信息集成与管理研究 [D]. 北京：清华大学，2009.

[131] 钟炜. BIM 技术驱动工程项目管控创新机制及流程再造研究 [M]. 北京：经济科学出版社，2018.

[132] 袁斯煌. 业主驱动的 BIM 应用效益评价研究 [D]. 重庆：重庆大学，2016.

[133] 李明龙. 基于业主方的 BIM 实施模式及策略分析研究 [D]. 武汉：华中科技大学，2014.

[134] 赵彬，袁斯煌. 基于业主驱动的 BIM 应用模式及效益评价研究 [J]. 建筑经济，2015，36（4）：15–19.

[135] 孙峻，李明龙，李小凤. 业主驱动的 BIM 实施模式研究 [J]. 土木工程与管理学报，2013，30（3）：80–85.

[136] 吕坤灿，秦旋，王付海. 基于社会网络分析的项目 BIM 应用模式比较研究 [J]. 建筑科学，2017，33（2）：138–147.

[137] 饶阳. 业主方 BIM 效益评价研究 [D]. 武汉：华中科技大学，2016.

[138] 何关培. 业主 BIM 应用特点分析 [J]. 土木建筑工程信息技术，2012，4（4）：32–38.

［139］ Love P E D，Simpson I，Hill A，et al. From justification to evaluation：Building information modeling for asset owners ［J］. Automation in Construction，2013，35 （11）：208 – 216.

［140］ Giel B，Issa R R A. Framework for evaluating the BIM competencies of facility owners ［J］. Computing in Civil and Building Engineering，2014：552 – 559.

［141］ Love P E D，Matthews J，Simpson I，et al. A benefits realization management building information modeling framework for asset owners ［J］. Automation in Construction，2014，37 （1）：1 – 10.

［142］ Migilinskas D，Popov V，Juocevicius V，et al. The benefits，obstacles and problems of practical BIM Implementation ［J］. Procedia Engineering，2013，57 （1）：767 – 774.

［143］ Han Y，Damian P. Benefits and barriers of Building Information Modelling ［C］. 12th International Conference on Computing in Civil and Building Engineering，Beijing，2008.

［144］ Xu H，Feng J，Li S. Users – orientated evaluation of building information model in the Chinese construction industry ［J］. Automation in Construction，2014，39 （4）：32 – 46.

［145］ 申玲，宋家仁，钱经. 基于 DEMATEL 的 BIM 应用效益关键影响因素及对策 ［J］. 土木工程与管理学报，2018，35 （2）：45 – 51.

［146］ Zadeh L A. Fuzzy sets ［J］. Information & Control，1965，8 （3）：338 – 353.

［147］ Das S，Dutta B，Guha D. Weight computation of criteria in a decision – making problem by knowledge measure with intuitionistic fuzzy set and interval – valued intuitionistic fuzzy set ［J］. Soft Computing，2016，20 （9）：3421 – 3442.

［148］ Atanassov K T. Intuitionistic Fuzzy Sets ［J］. Fuzzy Sets & Systems，1986，20 （1）：87 – 96.

［149］ Xu Z，Yager R R. Some geometric aggregation operators based on intuitionistic fuzzy sets ［J］. International Journal of General Systems，2006，35 （4）：417 – 433.

［150］ Xu Z S，Chen J. An overview of distance and similarity measures of intuitionistic fuzzy sets ［J］. International Journal of Uncertainty，Fuzziness and Knowledge – Based Systems，2008，16 （4）：529 – 555.

［151］ Atanassov K，Gargov G. Interval valued intuitionistic fuzzy sets ［J］. Fuzzy Sets & Systems，1989，31 （3）：343 – 349.

［152］ 徐泽水. 区间直觉模糊信息的集成方法及其在决策中的应用 ［J］. 控制与决策，2007，22 （2）：215 – 219.

［153］ Xu Z，Yager R R. Intuitionistic and interval – valued intutionistic fuzzy preference relations and their measures of similarity for the evaluation of agreement within a group ［J］. Fuzzy Optimization and Decision Making，2009，8 （2）：123 – 139.

［154］ Xu Z. Intuitionistic fuzzy aggregation operators ［J］. IEEE Transactions on Fuzzy Systems，2007，15 （6）：1179 – 1187.

［155］ An X，Wang Z，Li H，et al. Project delivery system selection with interval – valued intuitionistic fuzzy set group decision – making method ［J］. Group Decision & Negotiation，2018，27 （4）：689 – 707.

［156］ 王琦，王腾. 基于利益主体博弈分析的 BIM 推广研究 ［J］. 四川建材，2015，41 （6）：272＋278.

［157］ Yin Q. L.，Evolutionary game analysis on BIM technology diffusion of prefabricated construction ［D］. Qingdao University of Technology，2019.

［158］ 汤洪霞，曹吉鸣，徐松鹤，等. 综合设施管理组织 BIM 应用合作行为的演化博弈分析 ［J］. 工业工程与管理，2020，25 （4）：1 – 8.

［159］ 宋家仁. 基于博弈关系的 BIM 应用激励力度及对策研究 ［J］. 价值工程，2017，36 （33）：43 – 44.

[160] Benartzi S. and Aler R. H., Myopic loss aversion and the equity premium puzzle [J]. The Quarterly Journal of Economics, 1995, 110 (1): 73 - 92.

[161] Barberis N. and Huang M., Stocks as Lotteries: The implications of probability weighting for security prices [J]. American Economic Review, 2008, 98 (5): 2066 - 100.

[162] Frazzini A. The disposition effect and under - reaction to news [J]. Journal of Finance, 2006, 61: 2017 - 46.

[163] Hu W Y, Scott J S. (2007). Behavioral obstacles in the annuity market [J]. Financial Analysts Journal, 63 (6), 71 - 82.

[164] Köszegi B, Rabin M. Reference - dependent risk attitudes [J]. The American Economic Review, 2007, 97, 1047 - 1073.

[165] Vamvakas, Panagiotis, et al., Dynamic spectrum management in 5G wireless networks: A real - life modeling approach [M]. 2019.

[166] 何寿奎, 梁功雯, 蒙建波. 基于前景理论的重大工程多主体利益博弈与行为演化机理 [J]. 科技管理研究, 2020, 40 (5): 207 - 214.

[167] 周亦宁, 刘继才. 考虑上级政府参与的 PPP 项目监管策略研究 [J]. 中国管理科学, 2023, 31 (2): 84 - 94.

[168] 张惠琴, 王金春, 陶虹琳. 基于前景理论的 PPP 项目投资者决策行为研究 [J]. 软科学, 2018, 32 (8): 129 - 133.

[169] Hart O. Firms, contracts, and financial structure [M]. New York: Oxford University Press, 1995.

[170] Holmstrom B. Moral hazard in teams [J]. Bell Journal of Economics, 1982, 13 (2): 324 - 340.

[171] 马费成. 信息经济学 [M]. 武汉: 武汉大学出版社, 2012.

[172] 安晓伟, 丁继勇, 王卓甫, 等. 主体公平关切行为对联合体工程总承包项目优化的影响 [J]. 北京理工大学学报 (社会科学版), 2017, 19 (6): 87 - 94.

[173] Liu J, Gao R, Cheah C Y J, et al. Incentive mechanism for inhibiting investors' opportunistic behavior in PPP projects [J]. International Journal of Project Management, 2016, 34 (7): 1102 - 1111.

[174] Fehr E, Schmidt K M. A theory offairness, competition and cooperation [J]. Quartedy Journal of Economies, 1999, 114 (3): 817 - 868.

[175] Ruffle B J. More is better, but fair is fair: tipping in dictator and ultimatum games [J]. Games & Economic Behavior, 1998, 23 (2): 247 - 265.

[176] Ho T H, Zhang J. Designing pricing contracts for boundedly rational customers: Does the framing of the fixed fee matter? [J]. Management Science, 2008, 54 (4): 686 - 700.

[177] Loch C H, Wu Y. Social preferences and supply chain performance: An experimental study [J]. Management Science, 2008, 54 (11): 1835 - 1849.

[178] 傅强, 朱浩. 基于公共偏好理论的激励机制研究——兼顾横向公平偏好和纵向公平偏好 [J]. 管理工程学报, 2014, 28 (3): 190 - 195.